KB041468

비법만 찾는 엄마
방법을 찾는 엄마

현직 초등학교 교사가 들려주는 생생 교육정보

비법만 찾는 엄마 방법을 찾는 엄마

임권일 지음

문예춘추사

목차

엄마의 마음공부

3 자녀 교육은 인문학에 달려 있다

크게 될 아이는 생각을 키운다

5 아이는 배우면서 성장한다

아이의 미래에 불을 지펴라

프롤로그

자녀 교육은 비법이 아닌 방법에 있다

세상의 모든 아이는 재능을 가지고 있다. 내 아이가 공부를 못한다고 해서 기가 죽거나 실망할 필요가 전혀 없다. 공부 이외의 다른 재능을 반드시 가지고 있을 테니까. 학창 시절 공부를 잘했다고 해서 그 아이가 반드시 성공하지는 않는다. 우리는 경험을 통해서 이 사실을 너무나 잘 알고 있다. 좋은 성적이 인생의 성공에 도움을 줄 수는 있지만 그것이 반드시 성공을 보장해주는 것은 아니다. 좋은 성적은 아이가 가진 무수히 많은 재능 중 하나일 뿐이다.

자녀 교육의 목표를 공부를 잘하는 아이로 키우는 것에 두어서는 안 된다. 이를 목표로 둔 엄마들은 온갖 비법을 찾아다니기에 바쁘다. 내 아이의 관심이나 재능은 뒷전인 채 다른 사람들이 좋다고 하는 비법들을 아이에게 적용하느라 바쁘다. 내 아이에게 필요한 것은 비법이 아니라 방법이다. 그 방법은 어디까지나 엄마와 아이가 함께 찾아가면서 알아내야 한다. 수많은 시행착오의 과정을 겪어가며 내 아이가 잘하는 것이 무엇이고, 가장 좋아하는 것이 무엇인지 그것을 찾아가는 것이 자녀 교육의 목적이 되어야 한다.

자녀 교육은 속도전이 아니다. 남보다 앞서는 것이 반드시 좋은 것이라고는 할 수 없다. 조금 느리게 가더라도 아이에게 맞는 교육 방법을 찾고 발달단계에 맞게 밟아나가야 한다. 좁은 안목으로 아이의 인생을 바라보지 말고 보다 넓고 긴 안목에서 아이의 인생을 설계해보자. 그러면 성적이 조금 떨어졌다고 꾸짖고, 장난을 조금 쳤다고 야단치는 일도 줄어들 것이다.

오랫동안 아이들을 가르치고 학부모와 상담을 해오면서 자녀 교육에 조금이나마 도움이 될 만한 내용들을 책으로 엮었다. 자녀 교육의 방향을 설정하고 성숙한 부모의 역할을 배우는 데에 이 책이 보탬이 된다면 크나큰 기쁨이겠다.

아울러 책을 완성하기까지 도움을 주신 모든 분들께 감사드린다.

2016년 4월 서재에서 임권일

1

행복한 아이가 성공한다

행복한 가족들은 서로 비슷하게 닮아 있다.
그러나 불행한 가족들은 각기 나름의 이유가 있다.

– 톨스토이Leo Tolstoy 《안나 카레니나》

아이 스스로 자랄 수 있는 기회를 주어라

바람이 불지 않을 때 바람개비를 돌리는 방법은 앞으로 달려나가는 것이다.

– 데일 카네기Dale Carnegie

강낭콩 한 알이 성장해가는 과정은 경이로움 그 자체다. 한낱 콩 한 알에 불과한 작은 생명이지만 그 안에는 세상 만물의 섭리가 고스란히 녹아 있다. 콩을 심는 것은 부모의 손에 달려 있지만 싹을 틔우고 열매를 맺는 것은 온전히 아이의 몫이다. 빨리 자라게 하기 위해서 물과 거름을 많이 주는 것은 오히려 성장을 더디게 할 뿐 아무런 보탬이 되지 않는다. 적절한 환경만 주어지면 콩은 제 스스로 성장하게 되는데, 그것은 콩 안에 내재된 주체성이 발현된 것으로 볼 수 있다. 아이는 천성적으로 주체성을 갖고 태어난다. 부모가 간섭하고 통제하지 않아도 때가 되면 자기가 할 일을 찾아 스스로 해나가는 것이 아이가 가진 본성이다.

주체성은 동물들의 세계에서 생존의 가장 핵심이 되는 중요한 성질이다. 여느 동물들에서 볼 수 있듯이 제가 낳은 새끼는 세상에서 가장 소중하고 사랑스러운 법이다. 고슴도치도 예외는 아니다. 어미는 애지중지 새끼를 키우고 보살피는 데 열성을 다한다. 하지만 그 시간은 어디까지나 새끼가 홀로 자립할 수 있을 때까지다. 자연에서 다 큰 새끼를 보살피는 어미는 없다. 육체적, 정신적으로 성숙해지면 어미의 품을 떠나 자신의 삶을 개척해나가는 것이 자연이 가진 숙명이다.

만남이 있으면 헤어짐도 있는 법, 동물은 새끼가 어느 정도 자라면 어미 품을 떠나 자립할 수 있도록 놓아준다. 하지만 사람은 아이가 자립할 시기가 되어도 손을 놓지 못한다. 부모의 울타리 안에 가둬두는 것이 아이를 위한 사랑인 줄 착각하고 주체성의 싹을 틔울 수 없게 하는 것이다. 이별은 언제나 가슴 아픈 일임에 분명하다. 하지만 그 아픔 뒤에는 성숙이라는 열매가 자라고 있다. 아픔을 겪지 않고서는 만남의 기쁨을 알 수 없다. 어찌 보면 차갑고 냉정해 보일지도 모르는 이별 속에는 사랑보다 더 큰 모정이 담겨 있다. 아이가 자립할 수 있도록 놓아주는 것은 온전히 엄마의 몫이며, 이를 담담히 이겨내는 것도 엄마의 역량에 달려 있다.

현대를 살아가는 이 시대의 부모들은 온실 속 화초처럼 아이를 과잉보호하며 키우고 있다. '헬리콥터 맘(Helicopter parent)'이라고 불리는 이러한 부모들은 아이가 태어나서 학교를 졸업하고, 사회생활을 하게 된 이후에도 아이 주변을 맴돌며 곁을 떠나지 못한다. 아이의 육체는 어른으로 성장해가지만 정신은 유아 상태에 머무른 채 스스로 생각하지도, 결정하지도 못하는 미성숙한 어른이 되고 만다. 부모는 아이를 위해 최선을 다한다고 생각하지만 결국 아이를 학대하고 있는 것이나 다름없다. 부모의 과도한 애정은 아이의 정상적인 성장을 가로막는 주체성의 걸림돌이다.

참된 부모라면 아이 곁에 머무르며 과잉보호를 할 것이 아니라 아이로부터 부단히 떠나는 연습을 해두어야 한다. 그것은 엄마와 태아를 하나로 연결하고 있던 탯줄을 끊은 그 순간부터 이미 시작되었다. 엄마 손을 잡고 아장아장 걸음마를 배울 때에도 두 손을 놓아주는 이별이 있었고, 맨 처음 엄마 품을 떠나 유치원에 들어가던 때에도 이별의 연습이 있었다. 수많은 이별의 연습이 없었다면 아이는 결코 두 발로 서지도 못한 채 영원히 부모 등에 업혀 살아야만 했을 것이다.

아이가 어느 정도 성장했다고 생각되면 이제는 제2의 탯줄인 '정신적 탯줄'을 끊어주어야 한다. 아이가 맨 처음 세상 밖으로 나올 때에는 탯줄을 끊어주는 산파가 있었지만, 이제는 부모가 직접 그 역할을 해야 한다. 아이가 자립할 수 있도록 과감하게 아이와 이

별할 수 있는 용기, 그것 역시 부모가 아이에게 해줄 수 있는 사랑의 일부다.

유교 경전《주역》에 보면 '궁즉변(窮則變), 변즉통(變則通), 통즉구(通則久)'라는 표현이 나온다. 직역하면 '궁하면 변하고, 변하면 통하고, 통하면 오래간다.'는 뜻이 되는데, 이는 세상 만물은 역동적인 환경의 변화 속에서 적응하고 발전해왔음을 의미한다. 인류 문명 또한 안락함과 편리함보다는 고난과 역경 속에서 찬란한 꽃을 피워왔다. 인간은 자연 속에 내재된 만물의 섭리와 이치를 깨닫고 끊임없이 변화를 추구해왔기 때문에 오늘날 신과 같은 지위를 누리며 살 수 있게 되었다. 아이가 인생을 살아가는 동안 수많은 역경은 필연적으로 찾아오기 마련이다. 그러한 역경을 견디고 이겨내는 것은 부모가 아닌 아이의 몫이다. 견고하게 아이의 마음을 단련해두지 않으면 아이 스스로 할 수 있는 것은 아무것도 없다. 이제라도 온실 속 화초처럼 아이를 과잉보호하며 키우는 것을 멈춰야 한다. 무수히 많은 역경 속에서 스스로 이겨낼 수 있는 힘, 주체성을 길러주는 것이 진정한 부모의 역할이다.

행복과 불행은 한끝 차이다

행복과 불행은 빛과 그림자와 같아서 일생의 동반자다.

– 이솝우화

발가벗은 채 엄마의 배 속을 나오는 순간부터 아이의 고통은 시작된다. 따뜻한 양수 속에서 안락함을 누리던 아기가 처음 대면하는 것은 세상 밖의 차가운 공기와 강렬한 빛이다. 그동안 탯줄을 통해 편안하게 산소를 공급받아왔지만 이제는 스스로의 힘으로 숨을 내쉬어야 한다. 게다가 난생처음 맞이하는 강렬한 빛은 사물을 보기는커녕 눈을 뜨기조차 어렵게 한다. 분만실 내의 소음, 소독 냄새, 모든 것이 어지럽고 혼란스럽다. 아이는 세상 밖으로 나오면서 필연적으로 스트레스와 고통을 경험한다. 하지만 엄마 품에 안겨 눈빛을 교감하는 순간, 심신의 괴로움과 아픔도 전부 사라지게 된다.

날마다 반복되는 생활에서 행복을 발견하기란 참 어려운 일이다. 그 행복을 오랫동안 유지하기는 더욱더 힘들다. 시간이 흐를수록 행복감은 점점 무뎌지고 마침내 무감각해진다. 이처럼 행복의 유통기한은 매우 짧다. 아무리 좋았던 감정이라 할지라도 일상으로 변하는 순간, 그것은 더 이상 행복이 아니라 끊임없이 만족시켜야만 하는 욕망의 대상일 뿐이다. 예컨대 아이를 낳지 못하는 부부가 아이를 가지게 된다면 그 자체가 충분히 행복한 일이다. 하지만 그 만족도 잠시, 아이를 낳아 함께 지내다 보면 그것이 행복인지조차 느끼지 못하게 된다. 아이와 함께하는 일상이 그토록 바라왔던 행복한 시간이었음을 잊어버리게 되는 것이다.

반면에 고통은 아무리 많은 시간이 흘러도 결코 잊히는 법이 없다. 마주하면 할수록 더욱더 생생하게 되살아난다. 사람들은 고통을 부정적인 의미로만 생각하지만 행복을 느낄 수 있게 해주는 것이 바로 고통이다. 만약 고통이 없는 세상이라면, 인간은 결코 행복을 느끼지 못할 것이다. 부모는 내 아이가 고통 없는 행복한 인생을 살기를 꿈꾸지만 무조건 고통을 피하는 것만이 상책은 아니다. 아이가 앞으로 맞닥뜨릴 수많은 고통과 시련도 인생의 일부다. 오히려 행복보다 더 중요한 것은 고통과 시련을 마주하는 태도에 있다.

제2차 세계대전 당시 아우슈비츠(유태인 강제 수용소)에 갇혔던 많은 사람들이 고통스러운 삶을 견디지 못하고 죽어갔다. 하지만 아무런 희망도 찾을 수 없는 수용소 안에서도 살아남은 사람들이 있다. 대표적인 인물이 오스트리아의 심리학자인 빅토르 프랑클(Viktor Emil Frankl)이다. 그는 가족을 모두 잃은 절망 속에서도 삶의 의욕을 잃지 않으려 애썼다. 오히려 혹독한 시련은 자신을 더욱 더 강하게 만든다고 여겼다. 평균 생존 기간이 3개월에 불과한 잔혹한 수용소 생활을 이겨낸 것은 고통을 마주하는 태도에 있었다.

행복은 항상 우리 주변에 존재한다. 단지 발견하지 못하고 있을 뿐이다. 중요한 것은 삶에 대한 자세다. 긍정적인 삶의 자세를 가진 아이는 시련 속에서도 행복을 발견할 수 있다. 하지만 부정적인 삶의 자세를 가진 아이는 행복 속에서도 미래의 고통을 걱정한다. 아이가 느끼는 행복과 고통은 전적으로 부모의 영향 아래에 있다. 화목한 가정에서 자란 아이는 긍정적인 자아상을 만들어갈 수 있지만, 불화가 심한 가정에서 자란 아이는 부정적인 자아상을 지닌 아이로 성장할 가능성이 높다. 건강하고 행복한 아이로 키우기 위해서는 먼저 부모부터 행복해져야 한다. 아이의 인생을 위해 자신의 모든 것을 희생하고 고통을 감수하는 것이 아니라, 현재의 삶 속에서 행복을 느끼는 부모의 모습을 보여주어야 한다. 이를 보고 자란 아이는 훗날 어른이 되었을 때 어린 시절의 추억을 떠올리는 것만으로 입가에 미소가 지어질 것이다. 지금 이 순간이 가장 기쁘고 만족스러운 아이로 자라게 하자.

행복한 아이는
행복한 엄마가 만든다

행복한 가족들은 서로 비슷하게 닮아 있다.
그러나 불행한 가족들은 각기 나름의 이유가 있다.

– 톨스토이Leo Tolstoy 《안나 카레니나Anna Karenina》

자녀 교육의 기본은 가정의 화목에 있으며, 이는 원만한 부부 관계로부터 시작된다. 어머니와 아버지의 끈끈한 사랑과 정을 보고 배우며 자란 아이는 행복한 가정을 꾸릴 수 있다. 하지만 불화가 심한 가정 속에서 자란 아이는 자신의 부모처럼 불행한 가정을 꾸릴 확률이 높다. 그들은 좋은 부모가 되어야겠다는 막연한 생각을 하지만 부모들이 저질렀던 과오를 똑같이 대물림한다. 좋은 부모의 모습을 보고 자라지 못했기 때문이다. '좋은 부모'의 역할은 나중에 따로 배울 수 있는 것이 아니다. 부모와 함께, 자라는 매 순간순간 사랑을 느끼며 체득해야만 한다.

부부 관계가 원만하지 않으면 결코 행복한 가정이 될 수 없다. 부부 싸움 횟수가 잦을수록 아이는 부모 눈치만 살피고 자신 때문에 부모가 싸운다고 생각하기 쉽다. 또한 부모는 싸움을 하고 난 이후의 격한 감정을 고스란히 아이에게 표출하기 때문에 일관성 있는 교육이 이뤄지기 어렵다. 아이는 제대로 된 가치관을 형성하지도 못한 채 불안정한 정서 상태로 성장하게 된다. 자신감 없고 소극적인 아이는 이러한 가정환경에서 만들어진다.

부부가 서로 사랑하고 있는지, 아니면 형식적으로만 좋아 보이는 척하는 것인지는 아이들도 다 안다. 내 아이를 행복하게 키우기 위해서는 부부가 진심을 다해 사랑하는 모습을 보여주어야 한다. 살아가면서 싸우지 않을 수는 없다. 다만 싸움이 생겼을 때 이를 해결할 수 있는 원칙 정도는 가지고 있어야 한다. 누군가 일방적으로 만드는 규칙이 아니라 부부가 서로 대화를 통해 만들어야 한다. 부부 싸움을 했을 때의 대화방식, 해결 방법, 매뉴얼 등을 정하고 이를 지켜나간다면 적어도 아이가 받은 상처가 덧나지는 않을 것이다. 원만한 부부 관계는 서로 원칙을 만들고 그것을 지키는 데서부터 시작될 수 있다.

1g의 금을 캐기 위해서는 1톤의 금광석을 캐내야 한다. 우리가 볼 수 있는 금붙이들은 자그마치 100만분의 1의 확률로 생산된 것들이다. 1g의 금 속에는 수많은 광부들의 노동과 고생이 담겨 있지

만 우리는 결코 그 이면을 보려고 하지 않는다. 부부 관계에 있어서도 마찬가지다. 배우자가 수많은 장점을 가지고 있음에도 불구하고, 우리는 한 가지 단점에 연연하는 경우가 많다. 아무리 밉고 짜증나는 경우라도 단점을 찾아내려 애쓰기보다는 상대방의 좋은 점을 찾기 위해 노력해보자. 그러면 이전까지 미처 보지 못했던 상대의 장점들이 눈에 쏙쏙 들어올 것이다. 아이의 행복은 노력해서 얻어지는 것이 아니다. 가정이 화목하면 아이의 행복은 저절로 따라온다. 부모가 행복할 때 비로소 아이도 행복해질 수 있다는 점을 명심하자.

자녀 교육은 속도전이 아니다

사람이 아무리 느리게 걸어 다니며 본다 해도,
세상에는 늘 사람이 볼 수 있는 것보다 더 많은 것이 있다.
빨리 간다고 해서 더 잘 보는 것은 아니다.
진정으로 귀중한 것은 생각하고 보는 것이지 속도가 아니다.

– 알랭드 보통Alain de Botton 《여행의 기술》

최근 30, 40대 젊은 나이층의 귀농·귀촌 인구가 많아지고 있다. 그들이 편리한 도시 생활을 뒤로하고 농촌을 택한 까닭은 무엇일까. 자연에 대한 그리움 때문일까? 아니면 도시 생활에 적응하지 못한 현실도피일까? 그들이 귀농을 택한 결정적인 이유는 도시 생활에서 행복을 느끼지 못했기 때문일 것이다. 항상 바쁘게 돌아가는 도시의 삶에서 그들은 많은 회의를 느꼈으리라.

과학기술과 교통·통신의 발달은 인간이 소모하는 시간의 양을 대폭 절약해주었다. 예컨대 100여 년 전만 하더라도 부산에서 서울을 가려면 보름이 넘는 시간이 걸렸지만 지금은 3시간도 채 걸리지 않는다. 현대인은 여태껏 살았던 어떤 인류보다도 더 많은 시간을 향유할 수 있게 되었다. 이렇게 많은 시간을 가지게 된 만큼 더욱 여유로운 삶을 살아야 하지만 사람들은 이전보다 훨씬 더 바쁜 삶을 살고 있다. 1분, 1초까지 시간을 잘게 쪼개서 출근 시간, 등교 시간, 입장 시간 등의 고정된 각종 시간표를 만듦으로써 삶의 속도는 더욱 치열하고 빨라졌다.

누구보다도 열심히 바쁜 삶을 살았지만 그것이 행복을 가져다주지는 않았다. 누군가를 밟고 위로 올라섰지만 그 자리는 항상 불안하고 위태로웠다. 치열한 삶 그 뒤에 남은 것은 현재를 살아가지 못한 채 시간의 노예가 되어버린 자괴감과 한숨뿐이었다. 그래서 그들은 조금은 느리고 답답하지만 인간답고 여유로운 삶이 가능한 시골을 택하게 되었다. 도시와는 달리 시골에서의 삶은 속도전이 아니다. 농사일은 서두른다고 해서 빨리 열매를 맺고 많은 수확을 하는 것이 아니다. 모든 것은 저마다 최적의 시기가 있다. 그 시기를 거스르는 것은 농사를 망치는 지름길이다.

이는 자녀 교육에 있어서도 마찬가지다. 자녀 교육에도 내 아이에게 맞는 최적의 시기가 있다. 씨를 뿌려야 할 때가 있는가 하면 물을 주어야 할 때가 있다. 가지치기를 해야 할 때가 있는가 하면 열매를 따야 될 때도 있다. 하지만 욕심이 많은 엄마들은 그 과정은 무시한 채 아이가 빨리 결실을 맺어주기를 원한다. 내 아이의 고유한 성장 속도는 무시하고 고액 과외, 조기교육, 선행학습 등으로 무조건 남보다 더 많이 앞서 나가기를 원한다. 자연의 순리를 깨고 풍성한 결실을 맺을 수 없듯이 아이의 발달단계를 거스르는 교육은 아이를 병들게 할 뿐 성장에 아무런 도움이 되지 않는다.

교육의 목적은 빨리 가는 것이 아니라 계획했던 목적지에 도착하는 것이다.《적기교육》의 저자 이기숙 교수의 연구 결과에 따르면, 유아기 시절 선행학습을 받은 학생들과 그렇지 않은 학생들의 초등학교 1학년 교과 성적에는 큰 차이가 없었다. 오히려 학년이 올라갈수록 선행학습 경험이 없는 아이들이 더 우수한 성취를 보이는 경우도 있었다. 이는 남보다 빨리 교육을 시작한다고 해서 더 일찍 목적지에 도착하는 것은 아님을 보여준다. 아이 교육은 결코 속도전이 되어서는 안 된다. 속도보다 더 중요한 것은 천천히, 많은 것을 둘러보며 경험을 쌓는 것이다. 지금 우리들에게 필요한 것은 아이의 발달단계에 맞는 적기 교육이다.

자연을 벗 삼아 키워라

자연은 결코 우리를 속이지 않는다.
우리를 속이는 것은 언제나 우리 자신뿐이다.

– 장 자크 루소Jean Jacques Rousseau

몇 년 전 시골에 갔을 때의 일이다. 다리 밑 개울가에서 순박한 모습의 아이들이 물놀이를 하고 있었다. 실개천에 맨발을 담그고 다슬기를 잡는 모습이 참 인상적이었다. 어렸을 적 개울에서 멱을 감고 놀던 때가 생각나서 한참 동안이나 아이들을 바라보았다. 컴퓨터와 스마트폰 게임을 하며 문명의 혜택을 마음껏 누리는 도시 아이들과 자연을 벗 삼아 흙과 물을 만지며 조금은 문명에서 소외된 채 살아가는 시골 아이들 중 어떤 삶이 그들의 인생에서 더 의미 있고 소중한 경험일지 생각해보았다.

요즘 아이들이 자연을 접할 기회는 극히 적다. 시골보다 도시에서 살아가는 아이들이 많은 까닭도 있지만, 그보다는 학교·학원 공부를 하느라 자연을 접할 기회가 적어졌기 때문이다. 그들에게 자연이란 현장 체험 학습에서 잠깐 만나는 다른 세상일 뿐이다.

어린 시절에는 자연을 최대한 많이 접하며 자라는 것이 좋다. 시원한 냇물의 감촉을 손으로 느끼고 촉촉한 흙을 맨발로 밟으며 자라야 한다. 자연을 벗 삼아 자라는 아이들에게 슬픔이나 괴로움 따위는 찾아보기 어렵다. 도심 속 아파트 숲 사이에서 자란 아이들에게서 보이는 불안한 정서와는 대조적이다. 자연 속 아이들은 하늘과 땅 사이에 만연한 생명의 기운을 느끼며 호연지기를 키우기 때문에 눈앞의 작은 이익에 울고 웃고 하는 법이 없다.

자연은 그 자체가 하나의 교과서와 같다. 흙, 나무, 물, 바람 등 아이들은 자연을 통해서 많은 것을 배운다. 오감을 통해 접하는 다양한 사물은 아이의 관찰력과 사고력을 향상시킨다. 한창 호기심이 많을 때이기 때문에, 작은 개미, 나뭇잎 하나도 그들에게는 관찰의 대상이자 배움의 목표가 된다. 아이들은 자연 속 생명체를 관찰하면서 다양한 자연의 세계를 배워나간다.

아이들에게 자연은 마르지 않는 놀이의 샘터다. 어른들에게는 돌멩이, 나뭇잎, 잡초가 하찮은 사물에 불과하지만 아이들에게는 하나부터 열까지 전부 다 놀이의 대상이 된다. 그들은 어른들이 결코 생각하지 못하는 창의적인 장난감을 만들고 다양한 방법으로 놀이를 한다. 놀이의 대상이 주변에 넘쳐나기 때문에 욕심을 부리지 도 않는다. 친구들과 어울려 놀면서 누가 가르쳐주지 않아도 자연스럽게 다른 사람을 배려하는 마음을 배운다.

몸과 마음이 건강한 아이로 키우기 위해서는 최대한 자연을 많이 접하게 해주어야 한다. 책상에 앉아서 머리만 살찌우려 하지 말고 몸과 마음을 살찌울 수 있는 기회를 만들어주자. 자연을 벗 삼아 자라는 아이가 행복한 사람이 될 수 있다.

스스로 하는 아이가 성장한다

우리는 고객을 왕으로 떠받들지 않는다. 고객이 직접 일을 해야 할 때다.

– 이케아IKEA 카탈로그 중에서

대부분의 사람들은 가구를 구입할 때 가구 매장에 가서 진열된 완성품을 둘러보고 마음에 드는 가구를 선택한다. 선택한 후 가구값을 지불하면 업체는 배송부터 설치에 이르기까지 완벽하게 마무리를 해준다. 이러한 구매 형태는 대다수의 사람들이 가구를 구입하는 일반적인 방법이다. 하지만 세계적인 가구기업인 '이케아(IKEA)'는 이러한 가구 구입 행태를 획기적으로 변화시켰다.

그들은 완성된 가구를 판매하는 것이 아니라, 소비자가 직접 가구를 조립하고 만들어야 한다고 생각했다. '우리는 고객을 왕으로 떠받들지 않는다. 고객이 직접 일을 해야 할 때다.'라는 카탈로그의 모토처럼 그들은 일반적인 가구업체와는 정반대의 판매 전략을 펼쳤다. 하지만 이러한 판매 전략은 오히려 소비자들의 열띤 호응을 얻어 이케아 그룹이 다국적 기업으로 성장하는 발판이 되었다.

사람들은 자기가 힘들게 노력해서 얻은 결과에 대해서는 보다 더 뿌듯하게 생각하는 경향이 있다. 시중에서 판매되는 기성품보다는 자신이 직접 조립하여 완성한 수제품에 훨씬 더 애착이 가는 것이다. 이처럼 어떤 물건을 만드는 과정에 들어간 노력 때문에 그 물건에 더 애착을 갖게 되는 것을 '이케아 효과'라고 한다. 이 말은 듀크대학(Duke University) 교수인 댄 애리얼리(Dan Ariely)가 만든 말인데, '이케아 효과'는 이케아 그룹이 세계 최대의 가구기업으로 성장하게 된 까닭을 설명하고 있다.

우리나라의 부모들은 아이 스스로 무엇인가를 해보려는 작은 몸짓을 기다리지 못한다. 아이가 혼자서 충분히 할 수 있는 일임에도 불구하고 부모가 대신 완벽하게 해줘야 직성이 풀린다. 하지만 이러한 부모의 양육태도는 아이의 자립을 저해할 뿐, 성장에 별 도움이 되지 않는다.

지금 우리 자녀들에게 필요한 것은 '이케아의 가구 판매 전략'이다. 아이는 주인의 보살핌이 없으면 시들고 마는 온실 속 화초가 아니라 척박한 환경에서도 스스로 자랄 수 있는 잡초처럼 키워야 한다. 아이가 직접 청소를 하고 빨래도 해보면서 스스로 할 수 있다는 자신감을 갖게 해야 한다. 처음부터 잘하는 아이는 없다. 엄마 생각만큼 아이가 잘 따라주지 못하더라도 스스로 다 할 수 있을 때까지 기다려줘야 한다. 엄마가 기다려주는 만큼 아이는 스스로 성장할 수 있는 연습의 시간을 가질 수 있다. 이제부터는 아이가 천천히 한 단계씩 성장해가는 모습을 여유를 갖고 지켜보자.

무기력은
엄마로부터 학습된다

당신의 노력을 존중하라. 당신 자신을 존중하라. 자존감은 자제력을 낳는다.
이 둘을 모두 겸비하면, 진정한 힘을 갖게 될 것이다.

– 클린트 이스트우드Clint Eastwood

사람들은 자신의 장점이 무엇인지 잘 알지 못한다. 특히 아이들을 대상으로 자신의 장점을 최대한 많이 써보는 활동을 해보면 몇 줄을 써 내려가기가 결코 만만치 않음을 알 수 있다. 매우 간단하고 쉬운 문제인 듯 보이지만 막상 해보면 쓸 내용이 별로 없다. 장점이 없어서 못 쓰는 게 아니다. 자신의 장점이 무엇인지 모르기 때문에 쓰지 못할 뿐이다. 바꾸어 생각해보면 이는 그동안 자신에 대해서 생각하는 시간이 부족했음을 의미한다. 자신이 가진 장점도 모르는 사람이 어찌 긍정적인 자아를 가질 수 있을까?

자아상은 인생을 살아가는 마음가짐과 태도를 결정짓는다. 긍정적인 자아상을 가진 아이는 행복한 인생을 살아갈 수 있지만 부정적인 자아상을 가진 아이는 결코 행복한 삶을 살아갈 수 없다. 우리는 일생 동안 면면히 문제 상황과 맞닥뜨리게 되는데, 어떤 자아상을 확립하고 있느냐에 따라 문제 접근 방식이 극명하게 달라진다. 긍정적인 성취 경험을 많이 해온 아이는 어려운 문제 상황이라 할지라도 자신 있게 도전한다. 또한 문제 해결 과정에 즐겁게 참여하며 결과에도 만족한다. 하지만 무기력이 학습된 아이는 쉬운 문제 상황임에도 불구하고 부정적으로 인식하고 종래에는 그 일을 포기하고 만다.

처음부터 부정적인 자아상을 갖고 태어나는 아이는 없다. 그렇다면 어쩌다 부정적인 태도를 가진 아이로 변한 것일까? 그 원인은 유아기 시절 부모의 잘못된 양육방법에 있다. 어린 나이에는 누구나 서툴고 실수를 많이 하는 것이 당연하다. 하지만 부모들이 보이는 반응은 각각 다르다. 어떤 부모는 실수나 잘못을 했을 때 마음이 상처를 입지 않도록 격려를 해주는가 하면, 또 어떤 부모는 "그것밖에 못하니?", "너 때문에 엄마는 속상하다.", "너는 누구 닮아서 그 모양이니?"라고 꾸중을 한다.

문제는 어린 시절 부모로부터 비난을 자주 받고 자란 아이는 건강한 자아상을 갖기 어렵다는 점이다. 실수는 비난과 질책의 대상이 아니라 소중한 경험임을 인식시켜주어야 하지만, 가정 내에서

이 역할을 해줄 사람이 없다. 상처받은 아이의 마음을 따뜻하게 위로해줄 사람도 없다. 이러한 가정환경 속에서 아이는 점점 더 실패에 대한 두려움이 학습되어 결국 무기력하고 부정적인 자아상을 가진 아이로 자라게 된다.

학습된 무기력은 아이가 부정적인 자아상을 형성해가는 데 중요한 요인이 된다. 펜실베이니아대학(University of Pennsylvania)의 마틴 셀리그만(Martin Seligman) 교수는 '개를 통한 전기 자극 실험'에서 학습된 무기력에 대해 설명하고 있다. 맨 처음 전기 자극을 주었을 때, 개는 고통에서 벗어나기 위해 발버둥 치며 노력한다. 결국 아무리 노력해도 전기 자극을 피할 수 없다는 사실을 알게 되면, 더 이상 전기 자극을 피하려는 시도조차 하지 않게 된다. 그는 이 실험을 통해 장시간 부정적인 환경에 노출된 사람은 무기력이 학습될 수 있음을 밝혀냈다. 또한 무기력과 같은 비관적인 개인의 성향은 선천적으로 가지고 태어나는 것이 아니라, 주변의 인적·물적 환경에 의해 후천적으로 형성되는 것임을 증명했다. 이처럼 아이에게 가장 큰 영향을 주는 사람은 부모이며, 자아상은 전적으로 부모의 영향 아래 후천적으로 만들어진다.

긍정적인 자아상을 가진 아이로 키우기 위해서는 먼저 부모 스스로 평소 아이를 어떻게 대하고 있는지 반성해볼 필요가 있다. 긍정적인 말보다 부정적인 말을 많이 하는 부모라면 자신의 언어 습관을 바꿔나가야 한다. "너는 무슨 일이든 열심히 잘하구나.", "다음에는 더 잘할 수 있을 거야.", "○○가 최고다."와 같이 아이가 실패에 대한 두려움을 갖지 않고 여전히 가치 있는 사람임을 알게 해주어야 한다. 부모의 따뜻한 말 한마디가 아이의 자아상을 결정한다. 꾸중보다는 칭찬을, 칭찬보다는 격려를 통해 긍정적인 자아를 가진 아이로 키워나가자.

착한 아이의 불편한 진실

이미 수천 번도 넘게 말했지만 한 번 더 말하고 싶다.
세상에서 부모가 되는 일보다 더 중요한 직업은 없다.

– 오프라 윈프리Oprah Winfrey

착한 아이는 부모의 말을 잘 따르고 예의가 바르다. 또한 얌전하고 장난을 잘 치지 않는다. 당연히 부모 입장에서는 손이 덜 가기 때문에 아이를 돌보기가 쉽다. 반면에 장난치는 것을 좋아하고 부모의 말을 잘 듣지 않는 아이는 손이 많이 가고 돌보기가 어렵다. 그래서 부모는 자연스레 '착한 아이' 틀에 맞추어 아이를 키우려고 한다. 장난을 치면 꾸중을 하고, 잘못을 저지르면 화를 낸다. 하지만 '착한 아이'는 부모의 그릇된 욕심이 만들어낸 인위적인 허상에 불과하다. 아이의 감정을 억누르고 본성을 통제함으로써 부모가 듣고 싶은 말, 부모가 보고 싶은 행동만을 아이에게 요구해서 만들어진 것일 뿐이다.

집에서는 부모의 말을 잘 듣는 착한 아이의 모습이지만 집 밖에서는 전혀 다른 모습을 보이는 아이들이 있다. 교실 속 아이들의 모습을 관찰하면 이를 더 쉽게 확인할 수 있다. 교실에서는 사소한 감정싸움에서부터 서로 주먹이 오가는 물리적인 충돌까지 갈등 상황이 비일비재하다. 그중 상황이 잘 해결되지 않을 경우에는 상담을 하게 되는데, 이때 부모들이 하는 말은 하나같이 비슷하다.

"우리 애는 절대 그런 애가 아니에요."

부모가 집에서 보는 아이의 모습과 교사가 학교에서 보는 아이의 모습이 전혀 다른 것이다. 부모는 집에서의 착한 아이 모습이 학교에서도 이어지기를 기대하지만 현실은 정반대의 '나쁜 아이'가 되어 학교생활을 하고 있다.

아이의 상황이 가정과 학교에서 큰 차이를 보이는 것은, 유아기 시절 부모의 관심 부족, 소극적인 반응과 관련이 있다. 아이의 언행에 부모가 적극적인 관심과 사랑을 표현하는 것은 높은 자존감을 가진 아이로 성장할 수 있는 중요한 요인이 된다. 하지만 그러한 과정이 결여된 아이는 애정의 결핍을 채우기 위해 부모 앞에서 착한 아이의 모습을 연기하게 된다. 자신의 욕구보다는 부모의 기분에 맞춰 말하고 행동하는 것이다. 하지만 '착한 아이'가 되기 위해 자신의 감정을 억누르고 있을 뿐 언제든지 응축된 에너지가 폭발할 수 있는 상태다. 이는 부모와 함께할 때는 드러나지 않다가 부모가 없는 장소에 가면 전혀 다른 모습으로 표출된다.

아이들은 천성적으로 장난치는 것을 좋아한다. 하지만 착한 아이들은 장난을 치는 것을 금기시한다. 부모가 결코 그들의 장난을 허용해주지 않기 때문이다. 사실 어린 시절 장난은 발달단계에 따른 지극히 자연스러운 현상임에도 불구하고 대다수의 부모는 이를 부정적인 것으로 여긴다. 미성숙한 어린아이들의 행동이다 보니 장난에는 크고 작은 문제가 뒤따르기 마련이기 때문이다. 부모 입장에서는 아무리 생각해도 장난을 좋아하는 아이보다는 얌전한 아이로 자라게 하는 것이 속 편한 양육방법임에 틀림없다. 하지만 장난 속에는 그 대상의 본질을 찾아가는 아이만의 문제 해결 과정이 담겨 있다. 아이는 장난을 통해 새로운 경험을 쌓으며 삶의 즐거움을 배운다. 그래서 아이의 장난을 무턱대고 금기시하는 것은 바람직하지 않으며, 어느 정도의 장난을 허용해주는 것이 좋다.

그렇다면 아이들 장난의 범위를 어디까지 허용해야 할까? 장난의 범위는 '아이가 스스로 책임질 수 있는 행동'인가의 여부에 달려 있다. 아무리 즐겁고 재미있는 장난이라고 하더라도 다른 아이에게 피해를 주는 행동이라면 그것은 규제되고 통제되어야 하는 '폭력'일 뿐이다. 아이 스스로 책임을 지고 다른 아이에게 피해를 주지 않는다면 아이의 장난을 과감하게 허용해주도록 하자. 아이는 아이답게 자라야 한다. 실수도 많이 하고 장난도 많이 치는 아이가 건강한 아이임을 잊지 말자.

엄마의 사랑은 따뜻한 스킨십에서 시작된다

이 세상에 태어나 경험하는 가장 멋진 일은 가족의 사랑을 배우는 것이다.

– 조지 맥도널드George Macdonald

한때 프리 허그(Free Hug) 열풍이 일었던 적이 있었다. 대중은 이를 두고 관심받고 싶은 사람들이 벌이는 장난스러운 행위로 폄하했다. 하지만 다른 한편에서는 쇠약해진 현대인들의 영혼을 어루만지고 따뜻한 세상을 만들기 위한 의미 있는 행위로 평가하기도 했다. 처음 보는 사람과 포옹을 한다는 것이 썩 내키지 않은 이들도 있겠지만 세간이 떠들썩할 만큼 큰 인기를 끌었던 것을 보면 그만큼 우리 사회에 외롭고 고독한 사람들이 많았음을 방증하는 것일지도 모르겠다.

사실 프리 허그의 인기 이면에는 포옹이 갖는 원초적인 힘이 숨어 있다. 위스콘신대학(University of Wisconsin-Madison)의 해리 할로(Harry Harlow) 박사는 '접촉 위안에 관한 원숭이 실험'을 통해 이를 과학적으로 증명했다. 그는 아기 원숭이를 어미로부터 떼어내어 서로 다른 2개의 우리에서 키우고 그 양상을 관찰했다. 한 우리에는 천으로 만들어진 원숭이 엄마 모형을, 다른 우리에는 철사로 만든 원숭이 엄마 모형을 넣어두었다. 따뜻하고 부드러운 천과 차갑고 날카로운 철사 사이에서 아기 원숭이는 어느 쪽을 선택했을까?

아기 원숭이는 시종일관 부드러운 천으로 만들어진 원숭이 모형과 함께 했다. 비록 모형 원숭이에 불과했지만, 그 모습은 마치 엄마 품에 안겨 안락함과 편안함을 느끼는 아기의 모습과 다를 것이 없었다. 더욱 중요한 사실은 천으로 만들어진 원숭이 모형에는 먹이가 제공되지 않았다는 점이다. 아기 원숭이는 배가 고플 때에만 철사로 만들어진 원숭이 모형 곁으로 가서 배를 채웠다. 하지만 그것도 잠시, 먹이를 먹은 뒤에는 다시 천으로 만든 원숭이 모형으로 돌아왔다.

아기 원숭이 실험은 따뜻한 '품'의 중요성에 대해서 시사하는 바가 크다. 둥지에서 알을 '품'는 어미 새, 엄마 '품'에 안겨 곤히 잠든 아기처럼 품에서 느껴지는 말맛은 따뜻하고 포근하다. 모든 것을 감싸 안을 만큼 너그럽고 안락한 공간, 그곳이 품이 가지는 의미다.

돌이켜보면 어린 시절 엄마 품은 세상 그 무엇보다도 더 보드랍고 아늑했다. 그 품이 없었다면 우리는 결코 지금까지 온전하게 살아오지 못했을 것이다. 36.5도라는 인간의 체온에는 물리적인 온도를 뛰어넘는 위대한 사랑이 내포되어 있다. 아기 원숭이 실험은 인간이 살아가는 데 배고픔과 같은 생리적인 욕구의 충족보다 사랑과 같은 2차적 욕구의 충족이 훨씬 더 중요함을 보여주고 있다.

아이에게 필요한 것은 비싼 장난감이나 좋은 옷이 아니라 부모의 따뜻한 사랑이다. 하지만 부모들은 바쁘거나 귀찮다는 핑계로 사랑 표현을 등한시하는 경우가 많다. 아이가 원하는 것은 텔레비전에서 보는 것과 같은 요란한 사랑이 결코 아니다. 평소 부모가 웃는 모습으로 머리를 쓰다듬고 따뜻하게 안아주는 것만으로도 아이는 충분한 사랑을 느낄 수 있다. 부모의 사랑을 듬뿍 받고 자란 아이가 인생도 행복하게 살아갈 수 있다. 부모의 따뜻한 품은 언제든지 아이를 향해 활짝 열려 있어야 한다. 지금 나는 아이들의 정신적인 욕구보다는 물질적 욕구를 충족시키는 데에 몰두하고 있지는 않은지 생각해볼 일이다.

덜 후회하는 삶을 사는 아이로 키워라

춤추라, 아무도 바라보고 있지 않은 것처럼.
사랑하라, 한번도 상처받지 않은 것처럼.
노래하라, 아무도 듣고 있지 않은 것처럼.
일하라, 돈이 필요하지 않은 것처럼.
살라, 오늘이 마지막 날인 것처럼 .

– 알프레드 디 수자Alfred D. Suja 〈사랑하라 한번도 상처받지 않은 것처럼〉

인생이란 선택의 연속이다. 불완전한 인간이 최선의 선택을 하는 것은 결코 쉬운 일이 아니다. 지금 나의 선택이 최선인지 아닌지도 알 수가 없다. 그래서 선택에 따른 결과가 좋든 나쁘든 간에 지나간 일은 후회가 남기 마련이다. 어쩌면 후회하며 살아가는 것이 인간의 운명인지도 모른다.

인간이라면 누구나 과거로 돌아가 또 다른 선택을 하고 싶어 한다. 후회하지 않는 삶을 살고 싶은 인간의 욕구 때문일 것이다. 또한 현재 자신의 삶이 만족스럽지 못하다는 의미이기도 하다. 인간은 조금이라도 덜 후회하는 삶을 살기 위해 발버둥 치며 살아간다.

이를 위해 많은 사람들은 최대한 신중하게 고민한 뒤에 의사결정을 내리게 된다.

후회는 대부분의 사람들이 피하고 싶은 부정적인 감정이다. 하지만 후회 속에는 자아 성찰의 과정이 담겨 있다. 자신의 삶을 반추하지 않는 사람에게는 후회도 없다. 다시 말해 후회에는 '잘못을 뉘우치고 다시는 그렇게 하지 않겠다'는 일종의 자기 발전의 메시지가 숨어 있다. 이미 지나간 시간을 돌이킬 수는 없다. 하지만 후회가 많이 남는 삶보다는 조금이라도 덜 후회하는 삶을 사는 것이 중요하다.

해도 후회, 안 해도 후회를 한다면 어떻게 하는 것이 좋을까? 아무것도 안 하는 것 보다는 차라리 하고 싶은 일들을 마음껏 해보고 나서 후회를 하는 것이 더 낫지 않을까? 실제로 자신이 행한 일에 대한 후회보다 하지 못한 일에 대한 후회가 더 크다. 미국 코넬대학(Cornell University)의 토마스 길로비치(Thomas Gilovich) 교수의 연구 결과에 따르면 자신이 한 일에 대한 후회는 시간이 지나면 지날수록 줄어들지만, 하지 못한 일에 대한 후회는 시간이 지날수록 더욱 더 커져간다고 한다.

이제 나의 학창 시절로 되돌아가보자. 어떤 일들이 기억나는가? "공부를 조금만 더 열심히 했더라면 지금 이렇게 살지는 않을 텐데", "부모님 말씀을 잘 들었더라면 이렇게까지는 되지 않았을텐데"

행복했던 기억보다는 후회가 남는 부정적인 기억들이 떠오른다면 이미 많은 후회를 하고 있다는 뜻이다. 이렇듯 자신이 하지 않은 일들은 그렇지 않은 경우보다 훨씬 더 또렷이 기억에 남아 후회의 골을 깊게 한다. 자신이 하지 않은 일에 대해 후회하게 되는 현상을 심리학에서는 '무행동 효과'라고 부른다. 여기에는 자신이 하지 못한 일에 대한 자책과 괴로움이 들어 있다.

더 이상 과거의 기억을 후회만 해서는 안 된다. 나는 비록 후회가 많은 삶을 살지 언정, 내 아이만큼은 나보다는 덜 후회하는 삶을 살게 해주어야 한다. 그렇다면 내 아이가 덜 후회하는 삶을 사려면 어떻게 해야 할까? 이를 위해서는 아이가 여러 선택을 할 수 있도록 해주는 것이다. 아이에게 주어진 여러 가지 상황이나 대안 중에서 반드시 하나만 선택할 것이 아니라 최대한 많이 선택해서 직접 해보게 하는 것이다. 아이들의 세계에서는 기회비용을 생각할 필요가 없다. 모든 경험이 배움의 과정이기 때문에 손익을 따지지 않아도 된다. 먼 훗날 현재 나의 삶을 조금이라도 덜 후회하려면, 주변 사람들의 눈을 의식하지 말고 아이가 즐거워하는 일, 좋아하는 일들을 다양하게 선택할 수 있도록 해주어야 한다. 많은 세월이 흐른 뒤 지금 내 삶을 돌이켜 보면 현재 초등학생인 내 아이와 함께 지냈던 지금 이 시절이 가장 행복한 기억으로 남아 있을 것이다. 강물에 돌을 던지면 작은 파문이 동심원으로 퍼져가듯, 행복이란 작고 사소한 것에서부터 시작된다. 지금 바로 내 아이와 함께 후회하지 않는 행복한 인생을 만들어가자.

행복한 아이로 키우는 3가지 실천법

행복을 즐겨야 할 시간은 지금 이 순간이다.
행복을 즐겨야 할 장소는 바로 여기다.

– 로버트 그린 잉거솔Robert Green Ingersoll

아이가 행복해지기를 바라는 것은 부모의 한결같은 마음일 것이다. 하지만 부모와 자식 사이에 항상 좋은 일, 행복한 일만 일어나는 것은 아니다. 일상을 살아가다보면 아이를 꾸짖고 화내는 일이 비일비재하다. 그럴 때마다 아이의 마음에는 상처가 남고, 이를 보는 부모의 마음도 속상하기만 하다. 하지만 아이와의 관계를 조금이나마 개선할 수 있는 효과적인 방법이 있다. 바로 일상 속에서 가볍게 실천할 수 있는 3가지 행복 실천법이다. 이 방법은 아이에게 하루에 3번 참고, 하루 3번 웃고, 하루 3번 칭찬하는 것을 말한다. 내 아이를 행복하게 키울 수 있도록 도와주는 3가지 실천법을 구체적으로 알아보도록 하자.

첫째, 아이에게 화낼 일이 있더라도 하루에 3번만 참아보자. 참을 인(忍)이 3번이면 살인도 면한다는 말이 있듯이, 인내심을 갖고 아이를 대하다 보면 더욱 행복해하는 아이의 모습을 볼 수 있을 것이다. 아이가 잘못한 경우에는 스스로 잘못을 반성할 수 있도록 여유를 갖고 기다려주자. 남들에게 피해를 주지 않는 잘못의 범주라면 큰 목소리로 야단치지 말고 아이가 직접 잘못을 뉘우칠 수 있도록 말이다. 운동장에 뛰어 노는 아이들을 보면 각기 다른 여러 가지 모양과 빛깔을 보는 듯하다. 축구를 하는 아이, 줄넘기를 하는 아이, 야구를 하는 아이, 술래잡기를 하는 아이, 철봉에 매달려 노는 아이, 얽히고설켜 매우 복잡하다. 하지만 그 안에서도 다치는 아이들은 별로 없다. 복잡하고 불규칙적인 상황 속에서도 아이들은 스스로 규칙을 만들고 행동한다. 아이들은 스스로 언제나 바람직한 방향으로 성장해가는 힘을 가지고 있다. 부모가 아이를 믿고 적극적으로 지지하면 놀라울 만큼 행복해진 아이의 모습을 볼 수 있을 것이다.

둘째, 적어도 하루에 3번 이상 아이를 향해 웃어주자. 매일 아침, 아이를 학교에 보내는 것은 전쟁이다. 깨워도 일어나지 않는 아이 때문에 한참이나 실랑이를 벌이다가, 차려놓은 밥도 먹는 둥 마는 둥 하는 아이의 모습을 보면 내 배 속으로 낳은 아이지만 짜증이 나고 미워 보인다. 하지만 아이가 현관문 밖을 나가기 전 밝은 모습으로 웃으며 이렇게 말해보자. "○○야, 오늘 하루도 즐겁게 보내. 엄마는 항상 널 응원하고 있단다." 엄마의 환한 미소를 보며 하루를 시작한 아이는 온종일 기분 좋게 생활할 수 있다. 친구들과도 즐겁게 보낼 수 있고 선생님과도 좋은 관계를 유지할 수 있다. 기분이 나쁘고 어려운 일이 있더라도, 꼭 하루에 3번 이상은 아이를 향해 미소를 보여주자.

셋째, 반드시 하루에 3번 이상은 아이를 칭찬해주자. 칭찬은 결코 어려운 것이 아니다. 평소 아이가 열심히 하는 모습이나 긍정적인 모습을 있는 그대로 말을 해주면 그것이 바로 칭찬이 된다. 아이는 부모가 자신이 노력하고 있는 모습을 알아봐주고 인정해주는 것만으로도 큰 힘을 얻는다. 칭찬할 것이 별로 없어 보이더라도 아이가 가진 좋은 점을 찾아 의도적으로 칭찬해주자. 칭찬 노하우를 배워서 칭찬하면 교육적 효과가 더욱 좋다. 평소 아이가 성취해낸 결과보다는 과정에 대한 칭찬을 하도록 하자. 과정보다 결과에 치우친 칭찬을 많이 받은 아이는 시험 성적이 낮게 나오지 않을까 걱정하는 경우가 많다. 실제 성적이 낮게 나오면 자신의 머리를 탓하며 더 이상의 노력을 하지 않는 경향이 있다. 하지만 자신이 노력해 온 과정에 대한 칭찬을 많이 받은 아이는 설사 성적이 낮게 나오더라도 실망하지 않는다. 오히려 자신의 노력이 부족했다고 생각하기 때문에 시험 성적을 높이기 위한 다른 방법을 찾는다. 칭찬은 아이가 받을 수 있는 에너지의 원천이다. 하루 3번, 효과적인 칭찬을 통해 행복한 아이로 키워보자.

하버드(Harvard University) 대학생 중, 스스로 자신이 행복하다고 여기는 학생들에게는 공통점이 한 가지 있다. 그것은 바로 부모로부터 전폭적인 신뢰를 받고 성장해왔다는 점이다. '하버드 입학'이라는 결실 속에는 부모의 '무한 신뢰'라는 자양분이 스며 있다. 3가지 행복 실천법은 부모와 자식 간의 신뢰를 한층 더 두텁게 해줄 것이다. 그리고 이는 아이가 행복한 인생을 살아가는 데 값진 밑거름이 된다. 행복한 내 아이의 모습을 떠올리며 3가지 실천법이 습관이 될 수 있도록 늘 머릿속으로 되뇌이며 행동으로 옮겨보자.

2

엄마의 마음공부

미소 짓는 것이 어려울 때일수록 서로에게 미소로 대해야 한다.
서로에게 미소를 베풀고, 가족을 위한 시간을 할애해야 한다.

– 테레사Mother Teresa 수녀

진정성이 아이의 마음을 움직인다

미소 짓는 것이 어려울 때일수록 서로에게 미소로 대해야 한다.
서로에게 미소를 베풀고 가족을 위한 시간을 할애해야 한다.

– 테레사 수녀Mother Teresa

초등학교 3학년, 여름이 시작될 무렵의 일이다. 여름방학을 맞아 많은 친구들이 가족과 함께 여행을 떠났다. 물놀이를 떠나는 아이, 도회지 친척 집에 놀러 가는 아이. 평소에 함께 놀던 아이들이 하나 둘씩 보이지 않았다.

"우리는 왜 남들처럼 여행을 가지 않는 거예요?"

부모님에게 투정도 부려보고 하소연도 해봤지만 언제나 귓등으로 흘리시는 듯했다. 부모님은 늘 바쁘셨다. 어린 아들은 당신들께서 자신에게 관심을 갖고 챙겨주시기를 바랐지만 늘 일에 묻혀 뒷전이었다.

부모님을 이해하기에는 너무 어린 나이였다. 언짢고 섭섭한 마음에 짜증을 내고 투정을 부리기 일쑤였다. 아이가 진정으로 원했던 것은 부모의 따뜻한 사랑이었다. 부모의 관심을 끌기 위한 10살짜리 꼬마는 허무맹랑한 가출을 감행했다. 아무런 계획도, 목적지도 없는 충동적인 선택이었다. 콧노래를 부르고 길가에 핀 코스모스를 흔들며 발길 닿는 대로 무작정 걸었다. 폭이 좁은 위험한 아스팔트 신작로에는 커다란 차들이 쌩쌩 내달렸다.

서너 시간쯤 지났을까. 차 한 대가 갑자기 멈춰 섰다. 한참 동안이나 이곳저곳을 수소문하며 나를 찾으러 다니셨던 '아버지'였다. 당신의 속을 썩인 아들에게 크게 화를 낼 법도 하셨지만 아버지는 유난히 말씀이 없으셨다. 호통 대신 오히려 근처 구멍가게에 들러 아이스크림을 하나 사주셨다. 그러고 나서 아버지는 딱 한마디를 하셨다.

"우리 아들, 다리 많이 아프지?"

그렇게 일생일대의 처음이자 마지막 가출은 끝났다.

대부분의 부모는 화가 나면 이성을 잃고 감정이 솟구치는 경우가 많다. 화가 날 때 화를 내는 것은 본능에 충실한 행동이다. 하지만 현명한 부모는 아이를 호되게 꾸짖기보다는 오히려 감정을 다스리며 아이가 잘못을 반성하고 뉘우칠 기회를 준다. 아버지도 화가 머리끝까지 나셨을 테지만 오히려 아들을 걱정하는 말 한마디를 통해 꾸중과 훈계를 넘어선 깊은 사랑을 전하셨다. 아이는 아버지의 따뜻한 말 한마디에 감동했고, 자신의 철없는 행동을 깊이 반성했다.

사람은 입이 한 개고 귀는 두 개다. 입보다 귀가 하나 더 많은 것은 말을 많이 하기보다는 다른 사람들의 말을 귀담아들으라는 의미다. 아이에게 화를 내고 닦달하기보다는 아이의 말을 귀담아듣고 마음을 먼저 헤아리는 것, 그것이 진정성 있는 부모의 모습이 아닐까?

빨리 찾아온 사춘기, 아이는 혼란스럽다

젊은이들은 별 이유 없이 웃지만
그것이야말로 그들이 가진 가장 큰 매력 숭 하나다.

– 오스카 와일드Oscar Wilde

요즘 초등학생들의 생활 모습을 보면 마치 고삐 풀린 야생마 같다. 온종일 불안한 감정 상태와 종잡을 수 없는 언행 등 그들은 지금 때 이른 사춘기로 인한 질풍노도의 시기를 보내고 있다. 그런 사춘기 자녀를 둔 부모의 심정은 괴롭고 힘들다. 마냥 어린애인 줄만 알았던 아이가 대드는 모습을 보면 배신감과 자괴감마저 느낀다. 아이는 엄마 품이 최고라고 여겨왔지만 이제는 그 품에서 벗어나기 위해 발버둥 치고 있다.

아이는 성인으로 성장해가면서 두 번의 커다란 반항의 시기와 직면한다. 그 처음은 '미운 네 살'이라 불리는 유아기 때다. 이 시기에 아이는 난생처음 엄마로부터 자립하려는 시도를 한다. 하지만 몸도, 마음도 미성숙하기 때문에 마음먹은 대로 되는 것이 하나도 없다. 사사건건 엄마에게 짜증을 내고 대들기 일쑤다. 그러나 사춘기 반항에 비하면 이 정도는 애교에 가깝다. 사춘기 시기의 반항은 유아기적 반항과는 비교가 불가할 정도로 그 폭과 골이 깊다.

사춘기에는 급격한 신체적 성장이 이루어진다. 여자아이는 초경을 시작하고, 남자아이에게는 몽정이 나타나는 등 2차 성징의 징후가 활발하다. 이 시기 아이들은 이미 생식능력을 갖추었기 때문에 생물학적인 의미에서는 어른이나 다름없다. 하지만 겉모습은 어른처럼 보일지 몰라도 내면은 미성숙한 상태다. 그들은 아직까지 이성보다는 감정의 지배를 받는 어린아이일 뿐이다.

사춘기에 접어든 아이는 하루에도 열두 번씩 감정이 요동친다. 작은 일에도 쉽게 화를 내고 흥분하는 경우가 많다. 때로는 충동적인 폭력으로 나타나기도 한다. 전과 다른 아이의 모습에 엄마는 무척 당황한다. 하지만 이런 변화는 아이에게 문제가 생겼다는 뜻이 아니다. 이는 아이의 발달 과정에서 나타나는 자연스러운 현상이다. 사춘기에는 이성보다 감정을 주관하는 뇌가 더 빨리 발달하고 완성된다. 하지만 그에 반해 생각이나 판단을 주관하는 뇌는 성인이 다 되어서야 비로소 완성된다. 사춘기 아이의 뇌는 한창 공사 중인 상태이기 때문에 아이의 변화된 행동을 너무 부정적으로 생각할 필요는 없다.

사춘기가 어제오늘의 일이 아님에도 불구하고 유독 요즘 아이들과 엄마들에게만 힘들고 고달픈 까닭은 무엇일까? 그것은 예전보다 빨리 찾아온 사춘기에 원인이 있다. 과잉보호, 과잉통제, 과잉영양, 과잉스트레스, 과잉호르몬, 과잉교육 등 현대인이 추구하는 과잉의 산물은 아이의 사춘기를 빠르게 앞당겼다. 부모 세대 때에는 육체적인 성장과 정신적인 성숙이 어느 정도 조화를 이루며 성장했지만, 오늘날에는 신체의 급격한 성장을 정신이 따라가지 못하고 있다. 너무 일찍 찾아온 사춘기는 엄마와 아이를 극심한 혼란 상태로 만들고 있다.

무난한 사춘기를 보내기 위해서는 아이의 문제 행동을 무조건 꾸짖고 체벌하기보다는 아이가 감정을 바르게 표현할 수 있도록 도와주어야 한다. 자신이 한 행동이 다른 사람들에게 어떤 영향을 주었는지, 혹여 기분이 상하거나 화나게 하지는 않았는지 스스로 생각해보는 시간을 가질 수 있도록 해주어야 한다. 평소 엄마와 아이 간에 진지한 대화를 통해 감정을 조절할 수 있는 다양한 규칙을 만들어가는 것도 도움이 된다. 그리고 지속적으로 아이가 비행이나 위험한 행동을 하지는 않는지 관심을 갖고 지켜봐야 한다. 아이가 무사히 사춘기를 끝마칠 때까지는 엄마의 관심과 이해가 절대적으로 필요하다.

아이의 시선으로 바라보는 세상

무한한 가능성과 순진무구한 마음을 지니고 있는 어린이들이
끊임없이 태어나지 않는다면, 세상은 얼마나 끔찍하게 변했을까.

– 존 러스킨John Ruskin

광고인 박웅현은 김훈이 집필한 《개》를 읽고 마치 개가 소설을 써 내려간 듯한 생생한 느낌을 받았다고 한다. 이에 소설가 김훈은 소설을 쓰기 위해 석 달간 진도의 개 사육장에 머물렀다고 응수했다. 김훈은 '개'의 시선으로 글을 쓰기 위해 개를 관찰하고, 개를 보듬고, 개와 함께하며 철저히 개가 되었다.

작품은 인간의 시각이 아닌 '개'의 시각에서 세상을 잔잔하게 바라봄으로써 인간의 삶을 풍자하고 있다. 인간의 관점에서 바라본 세상은 다분히 주관적이며 가식적일 수 있으나 '개'의 관점에서 바라본 인간세계는 객관적이며 솔직하다. 그래서 독자들은 인간이 아

닌 동물의 말을 통해 더욱 진한 감동을 받게 된다. 어른이 아닌 아이의 시각에서 바라보는 세상의 모습은 어떠할까? 아이는 어른들에게 어떤 말을 해주고 싶을까? 많은 아이들의 일기장을 보며 그 내용들을 재구성해봤다.

엄마가 좋다고 하는 것은 대부분 싫은 것들뿐이다. 건강에 좋다는 반찬들은 죄다 맛이 없다. 구역질이 나서 삼키는 것도 힘들지만 건강을 위해서 꼭 먹어야만 한단다. 가장 하기 싫은 것은 공부다. 나를 위해서라고 하지만, 나는 지금 공부하는 것보다 노는 것이 좋다. 흙 밭에서 뛰어놀며 친구들과 함께 흠뻑 땀을 흘리는 것이 더 행복하다. 아침에 입고 온 깨끗했던 옷은 흙과 먼지와 땀으로 뒤섞여 온통 더럽다. 엄마의 잔소리가 걱정이다. 엄마는 빨래하는 것이 귀찮은 것일까? 아니면 깨끗한 방바닥에 흙먼지가 떨어지는 것이 불쾌한 것일까? 그것도 아니면 더러워진 옷으로 인해 내 건강이 나빠질까 걱정이 된 것일까? 엄마가 나를 걱정하기 때문에 야단치는 것으로 믿고 싶다.

나는 게임을 많이 한다. 어른들은 내가 게임에 빠져 산다고 난리지만, 사실 나는 게임을 좋아하지 않는다. 내가 게임을 하는 이유는 근심을 떨쳐버리기 위해서다. 어젯밤에도 부모님이 싸우셨다. 두 분은 싸우기 위해 결혼하신 것일까? 매일매일 싸우는 것이 질리지도, 물리지도 않는가 보다. 게임을 할 때면 모든 걱정이 사라진다. 시도 때도 없이 들려오는 엄마의 잔소리, 부모님의 욕설, 아무것도 생각나지 않는다. 나는 그 느낌이 좋다. 가끔은 부모님이 없는 곳에서 살고 싶다. 그래서 가출을 해볼까 생각도 해보지만, 그럴 용기는 나지 않는다. 나는 아직 아무런 물정을 모르는 어린 초등학생일 뿐이다. 하지만 어른이 되고 싶지는 않다. 부모님처럼 살게 될까 봐 두렵다.

어른들은 참 신기하다. 자기들도 우리처럼 어린 시절을 보냈으면서도, 우리의 생각과 입장을 전혀 이해하지 못한다. 지난날의 기억들은 전부 다 잊어버릴 만큼 머리가 나빠진 것일까? 아니면 기억하기조차 싫을 만큼 하찮고 미약한 시절이었던 것일까? 나는 어른들의 어린 시절이 궁금할 때가 많다. 선생님과 부모님이 시키는 것을 잘하는 모범생이었을까? 아니면 시도 때도 없이 사고를 치는 말썽꾸러기였을까? 외할머니 말씀을 들어보면 엄마는 결코 모범생은 아니었던 것 같다. 어른들이 하는 말은 대부분 비슷하다. 시키는 대로만 하면 성공한 삶을 살 수 있을 것처럼 말한다. 하지만 정작 자신들은 왜 행복한 삶을 살아가지 못하는 것일까?

엄마는 나에게 관심이 많다. 비가 올 때면 우산을 들고 나를 데리러 오신다. 교문 앞에서 우산을 들고 있는 엄마의 모습을 보면 무척 반갑다. 엄마의 따뜻한 사랑이 나는 좋다. 하지만 너무 나만 바라보고 살지 않았으면 좋겠다. 온종일 내 생각만 하고, 내 걱정만 하며 살고 있는 엄마가 안쓰럽다. 나는 엄마가 자신의 인생을 살았으면 좋겠다. 어린 시절 엄마는 시인이 되고 싶었다고 한다. 중·고등학교에 다닐 때에는 문예대회에 나가서 상도 받을 만큼 글 쓰는 실력이 좋았단다. 하지만 지금은 전혀 글을 쓰지 않는다. 나는 엄마가 일기도 쓰고, 시도 쓰고, 소설도 쓰는 모습을 보고 싶다. 나는 엄마가 어렸을 적 꿈을 지금이라도 실현시켜나갔으면 좋겠다.

아이들의 세계를 이해하기 위해서는 아이가 되어야 한다. 아이들의 눈으로 바라본 어른들의 모습은 무척 정직하며 직관적이다. 세상을 보는 잣대가 성숙하지 않기 때문에 세상을 있는 그대로 바라보며 가감 또한 없다. 아이들의 세상을 들여다보는 것은 이제껏 살아온 나의 삶을 성찰하는 것이나 마찬가지다. 잊고 살았던 나의 어린 시절을 반추해보고 현재 아이의 모습과 과거의 내 모습을 비교해보자. 현재 아이의 모습은 그 당시 나의 모습과 놀라울 만큼 닮아 있을 것이다.

엄마도 공부가 필요하다

인간은 교육을 통해서만 인간이 될 수 있다.

– 칸트Immanuel Kant

어떤 일이나 목표를 이루기 위해서는 그에 상응하는 노력이 필요하다. 시험에 합격하기 위해서 열심히 공부를 해야 하고 취직을 하기 위해서는 온갖 스펙을 쌓아야 한다. 인생을 살아가면서 노력을 하지 않고 얻어지는 것은 거의 없다. 하지만 우리는 유독 부모가 되는 것에 있어서는 지극히 당연하고 자연스럽게 받아들일 뿐, 그 역할에 대한 준비와 노력에는 소홀하다. 결혼을 하고 아이를 낳았다고 해서 저절로 부모가 되는 것은 아니다. 다시 말해 누구나 부모는 될 수 있지만 모두가 좋은 부모가 되는 것은 아니다. 좋은 부모가 되기 위해서는 제대로 된 부모 역할에 관한 공부를 해야 한다.

처음부터 엄마 역할을 제대로 해낼 수 있는 사람은 많지 않다. 좋은 엄마는 타고난 것이 아니라 수많은 시행착오와 배움의 과정을 통해 만들어진다. 엄마 역할을 공부해야 하지만 고정된 정답이 있는 것은 아니다. 정해진 답이 없으니 나만의 해답을 찾기 위해 끊임없이 노력할 수밖에 없다. 하지만 아무리 노력해도 고생한 만큼 성과가 잘 나타나지 않는 것이 엄마 공부다. 그래서 엄마 공부는 어렵고 힘들다.

엄마 공부는 '어떤 엄마가 되고 싶은가?'에 대해서 답을 찾는 것이다. 즉 엄마 공부를 시작하는 데 있어서 가장 중요한 것은 어떤 엄마가 될 것인지 뚜렷한 목표를 세우는 것에 있다고 할 수 있다. 이를 위해 자신이 가장 이상적으로 생각하는 엄마의 모습을 생각하고 그에 맞는 준비를 차근차근 해나가야 한다. 예컨대 화내지 않는 따뜻한 엄마가 되는 것이 목적이라면 감정을 다스릴 수 있는 마음 공부를 해야 하고, 똑똑한 아이를 가진 현명한 엄마가 되는 것이 목적이라면 지혜를 얻기 위해 노력해야 한다.

엄마의 공부 못지않게 중요한 것이 '내 아이가 어떤 사람이 되었으면 하는가?'에 대해서 답을 찾는 것이다. 이 질문은 의사나 변호사 같은 직업을 찾는 것이 아니라 아이 인생의 큰 그림을 그려보는 것을 말한다. 따지고 보면 엄마 역할 공부를 하는 것도 다 내 아이를 위해서 하는 것이다. 내 아이가 어떤 사람이 되기를 원하는지가

정해진다면 어떤 엄마가 되어야 할 것인지는 더욱 명확해진다. 내 아이가 어떤 사람이 되기를 원하는지, 이를 정하는 것은 결코 쉬운 일이 아니다. 아이의 성격, 집안 환경, 사회의 변화 등 아이를 위해 엄마가 공부해야 할 것은 한두 가지가 아니다. 또한 엄마 혼자서 정할 수 있는 것도 아니기 때문에 부부 공동의 노력이 필요하다.

엄마로 사는 것은 이제까지 여성으로 살아온 것과는 판이하게 다르다. 이제까지 자신을 위해 살아왔다면 부모가 된다는 것은 아이를 위해서 살아야 함을 의미한다. 이는 전적으로 자식을 위해 희생하라는 말이 아니다. 다만 아이를 낳았으면 이전까지와는 다른 자세가 필요하다는 것을 뜻한다. 엄마로 사는 것은 제2의 인생을 살아가는 것이다. 아이가 성장해가는 만큼 엄마도 배우고 성장해 가야 한다. 엄마 역할을 공부하는 사람만이 올바른 자식 농사를 지을 수 있다.

모범을 보이면 아이는 변한다

하나의 모범은 천 마디의 논쟁보다 더 가치가 있다.

– 토머스 칼라일Thomas Carlyle

아이들의 소꿉놀이를 보면 부모의 평소 모습이 그대로 드러난다. 가령 부모로부터 매를 자주 맞는 아이는 인형을 매로 때리는 시늉을 하고, 따뜻한 사랑을 받고 자란 아이는 인형과 긍정의 대화를 한다. 아이는 부모의 행동을 그대로 따라한다. 그것이 좋은 모습이든 나쁜 모습이든 가리지 않고 부모의 모습을 있는 그대로 빼닮는다. 거울에 비친 내 모습을 보자. 어느덧 엄마가 된 나는 어릴 적 나를 키우던 부모님의 모습과 매우 닮아 있다. 외모뿐만 아니라 말투, 행동, 성격까지 비슷하다. 의도적으로 배우기 위해 노력한 것은 아니다. 부모의 말과 행동이 잠재적으로 아이의 인생에 영향을 준 것이다.

모범을 보이는 것이 쉬운 일은 아니다. 대부분의 부모들은 아이에게 원하는 행동과 정반대의 행동을 하는 경우가 많다. 부모의 이러한 이율배반적인 양육행동은 아이를 혼란스럽게만 할 뿐 교육적 효과를 기대하기 어렵다.

"엄마는 매일 드라마를 보면서 저한테는 책을 읽으래요."

"아빠는 제가 컴퓨터를 하고 있으면 저한테 빨리 공부하라고 말씀하세요. 하지만 제가 방에 들어가면 저 몰래 게임을 한다는 것을 알아요."

"선생님은 실내화를 신고 건물 밖을 다니면서, 우리는 실내화를 신고 밖에 다니지 못하게 해요. 그러면서 바쁘다는 핑계를 대세요."

"선생님은 밥을 남기면서 우리는 반찬 한개도 못 남기게 해요."

초등학생 정도만 되어도 어른들의 세계를 비판할 수 있는 힘이 생긴다. 그들은 어른들의 잘못된 행동을 누구보다도 잘 꼬집어낸다. 특히 어른들의 말과 행동이 다를 경우, 말보다는 자신들이 직접 본 행동에 영향을 더 많이 받는다. 이제라도 '아이는 모르겠지. 설마 아이가 알겠어?'라는 허술한 생각은 버려야 한다. 행동이 뒷받침되지 않는 말은 아무리 많이 강조해봤자 그저 잔소리에 불과하다.

자녀 교육의 핵심은 아이에게 모범을 보이는 데에 있다. '어떤 아이로 자라게 할 것인가?'의 여부는 '내가 어떤 부모가 될 것인가?'에 달려 있다. 성적이 좋은 아이로 키우고 싶다면 부모가 먼저 책상에 앉아 공부하는 모습을 보여주어야 한다. 책을 좋아하는 아이로 키우고 싶다면 항상 책을 읽는 모습을 보여주어야 한다. 겉으로 하는 척만 하는 것이 아니라 진정성 있는 태도로 아이에게 모범적인 행동을 보여주어야 한다. 부모도 사람이기 때문에 모든 면에서 모범을 보일 수는 없다. 하지만 부모가 모범을 보이기 위해 노력하는지 아닌지는 아이가 가장 잘 안다. 내 아이에게 부끄럽지 않도록 노력하는 엄마가 되자.

아이의 곁대로 가르쳐라

어린아이에게 배워라, 그들에게는 꿈이 있다.

– 헤르만 헤세Hermann Hesse

옷은 사람의 몸을 보호함과 동시에 자신의 개성을 표현하는 수단이다. '옷이 날개'라는 말이 있듯이 옷은 한 사람의 인상을 결정지으며 더 나아가 그 사람의 캐릭터를 완성한다. 하지만 옷이라고 해서 다 같은 옷은 아니다. 일시적인 유행을 따르는 화려한 옷이 있는가 하면 화려하지는 않지만 유행을 잘 타지 않는 옷이 있다. 몇 번만 걸쳐도 금방 싫증나는 옷이 있는가 하면 오랫동안 입어도 질리지 않는 옷이 있다. 전자가 기성복이라면 후자는 한복에 가깝다. 유구한 전통을 지닌 한복과 시나브로 오늘날 우리의 의생활을 지배한 기성복. 그 둘은 긴 역사의 차이만큼 그 본질에도 심오한 차이가 있다.

사람이 옷을 입는 것일까? 아니면 옷에 사람이 입혀지는 것일까? 먼저 이 질문에 답하는 것이 우선이다. 왜냐하면 무엇이 주체가 되느냐 하는 것은 대상의 본질을 이해하는 데에 중요한 역할을 하기 때문이다. 한복은 줄이거나 자를 필요가 전혀 없는 옷이다. 이를테면 키가 작은 아이, 키가 큰 어른에게 맞는 한복이 따로 있는 것이 아니다. 허리 치수가 크면 허리끈을 조여서 입으면 되고, 바짓단이 길면 접어서 입으면 된다. 한복을 입는 사람은 평생 그 옷의 주인이 되어 옷과 함께할 수 있는 것이다. 옷의 본질은 그것을 입는 사람의 몸을 보호하는 데에 있음을 전제할 때 가장 본질에 충실한 옷이 한복인 셈이다.

반면에 기성복은 몸매를 고려해서 치수에 맞는 옷을 사 입어야 한다. 미리 만들어져서 나오기 때문에 치수가 맞지 않으면 결코 입을 수가 없다. 사람이 입기 위해 만들어진 옷이지만 결국 사람이 입지 못하는 웃지 못할 해프닝이 발생한다. 이쯤 되면 사람이 옷을 입는 것이 아니라 옷이 사람을 입는 모양새다. 비단 좋은 옷을 입기 위해 다이어트를 하고, 몸을 옷에 맞추는 것이 어제오늘의 일은 아니다. 사람이 편리하게 입기 위해 만들어진 기성복이, 사람들을 보호하기 위한 본질은 망각한 채 사람 위에 군림하며 주인 행세를 하는 꼴이다.

요즘 부모들은 한복이 아닌 기성복과 같은 교육을 추구하고 있다. 옷을 아이에게 맞추는 것이 아닌 옷에 아이를 맞추려 하는 것이다. 아이의 개성은 무시한 채, 옆집 아이의 옷이 좋아 보이면 쉽게 갈아입히는 것이 오늘날 부모들의 모습이다. 하지만 아무리 옷이 예쁘다 한들 아이에게 불편하면 이는 결코 아이를 위한 옷이 아니다. 이 시대의 많은 엄마들은 아이가 정말 좋아하고 잘하는 것이 무엇인지도 모른 채, 옆집 아이, 텔레비전 속 모범생의 획일적인 모습을 향해 좇아가고 있지는 않은지 생각해볼 일이다.

세상에 같은 아이는 단 한 명도 없다. 옷이 예쁘다고 무작정 아이에게 입히려 해서는 안 된다. 한창 성장기에 있는 아이들에게는 한복과 같은 교육이 필요하다. 아이의 마음에 드는 옷을 찾아 입혀주어야 한다. 내 아이가 정말 잘할 수 있는 일, 재능이 있는 분야를 찾아서 그 일을 하게 해주는 것이 필요하다. 지금 우리 아이들에게는 개개인의 특성을 존중해줄 수 있는 결을 살리는 교육이 필요하다.

거짓말은 관심의 또 다른 표현이다

주변 사람들에게 저지르는 가장 큰 죄는 미움이 아니다.
무관심이야말로 미움보다 더 위험한 비인간적인 감성이다.

– 조지 버나드 쇼George Bernard Shaw

'양치기 소년' 이야기는 거짓말을 자주 하면 신뢰받지 못하는 사람이 된다는 내용으로 잘 알려져 있다. 하지만 이 이야기에서 간과하는 점이 한 가지 있다. 그것은 바로 양치기 소년의 저변에 깔린 삶과 환경에 대한 이해다. 그는 온종일 아무도 없는 허허벌판에서 양들과 함께 생활한다. 주변에 보이는 것은 죄다 양들 뿐, 그 어디에도 사람들의 흔적은 찾을 수 없다. 과연 홀로 남겨진 소년이 감내해야 할 외로움의 깊이를 생각해본 사람이 있을까? 잘못한 일을 꾸짖기 이전에 열악한 환경에서 살아온 소년의 삶에 대한 이해가 먼저여야 하지 않을까?

친구와 싸우거나 생떼를 쓰고 고집을 부리는 등 아이가 잘못한 행동들에 대해서 어느 정도 이해하고 대수롭지 않게 넘길 수 있는 것이 엄마들의 정서다. 하지만 '거짓말'과 관련된 행동에 있어서는 그 어떤 엄마도 쉽게 이해하고 넘어가지 못한다. 거짓말은 엄마와 아이 관계를 떠나 인간 대 인간으로서 배신감을 주는 비도덕적 행위로 여기기 때문이다. 아이가 양치기 소년처럼 지속적으로 거짓말을 반복한다면 도대체 무엇이 문제일까?

거짓말은 아이가 성장해가는 과정에서 나올 수 있는 자연스러운 현상이다. 그렇지만 현실과 환상을 구분하지 못하는 데에서 오는 유아기적 거짓말과 초등학교 아이들의 의도적인 거짓말은 구분할 필요가 있다. 유아기를 넘긴 아이들은 자신의 입장이 난처하거나 곤란할 때, 이를 방어하기 위한 일환으로 거짓말을 하는 경우가 많다. 자신에게 유리한 상황으로 이끌어가기 위해서 작은 일을 과장하거나 없던 일을 꾸며내기도 한다. 하지만 처음부터 악의적인 의도를 갖고 거짓말을 하는 아이는 결코 없다.

아이가 한두 번 거짓말을 한다고 해서 크게 걱정할 필요는 없다. 하지만 그 정도가 심한 경우에는 부모의 양육방법에 문제가 있음을 인식해야 한다. 보통 아이들의 거짓말은 부모의 억압된 가정환경에서 시작되는 경우가 많기 때문이다. 평소 강압적인 가정환경에서 자란 아이는 부모를 두렵고 무서운 존재로 인식하며 부모와 자신

사이에 보이지 않는 담을 쌓는다. 부모가 좋아하고 안심할 수 있는 착한 말만 하며 형식적인 관계를 형성해가는 것이다. 부모의 심기를 건드리지 않기 위한 가식적인 말과 행동을 하기 때문에 거짓말이 습관화된다.

아이가 거짓말을 하는 또 다른 이유는 타인으로부터 인정받으려는 욕구 때문이다. 사람은 유능함을 인정받을 때에 보람을 느낀다. 공부를 열심히 해서 좋은 성적을 거두거나 반장으로 선출되는 것 모두 아이가 인정받고 싶다는 욕구의 표현이다. 맞벌이나 편부모 가정과 같이 부모의 사랑과 관심이 결핍된 아이들은 부모의 관심과 사랑을 얻기 위해 종종 거짓말을 하는 경우가 많다.

아이가 거짓말을 한다고 해서 무작정 화를 내고 야단을 쳐서는 안 된다. 아이의 거짓말은 양치기 소년처럼 궁지에서 벗어나기 위한 몸부림의 표현일 수 있기 때문이다. 아이가 거짓말을 하는 근본적인 원인을 찾으려면 먼저 부모의 양육방법부터 반성해볼 필요가 있다. 억압된 양육방법이 문제라면 관용의 미덕을 보여주어야 하고, 사랑과 관심이 부족하다면 애정을 채워주어야 한다. 어떤 일이든지 뿌리를 제거해야 문제가 해결되는 것이지 겉으로 드러난 상처만 치료하는 것은 근본적인 해결책이 될 수 없다. 겉으로 드러난 아이의 거짓말을 무작정 야단치는 것이 아니라, 왜 거짓말을 할 수밖에 없었는지 그 뿌리를 찾아 없애려는 노력을 해야 한다. 부모는 아이가 무슨 말과 행동을 하든지 이를 받아줄 수 있는 넓은 마음이 필요하다.

지혜로운 엄마가 아이를 일깨운다

지혜가 깊은 사람은 이익을 얻기 위해 사랑하지 않는다.
사랑이라는 그 자체에서 행복을 느낄 수 있기 때문에 사랑하는 것이다.

– 블레즈 파스칼Blaise Pascal

어릴 적 유치원에서 먹었던 간식은 참 맛있었다. 간식이라고 해봤자 요구르트와 초코 과자가 전부였지만 당시에는 그 어떤 산해진미도 부럽지 않았다. 그만큼 먹을 것이 별로 없는 몹시도 가난하고 궁한 시절이었다. 여느 시골집이 그러했듯이 대부분의 집들은 유치원 간식비도 충당하지 못할 만큼 가정형편이 어려웠다. 더욱 가슴이 아픈 것은 한창 떼를 쓰고 투정 부릴 어린 아이들이 너무 일찍 철이 들어버렸다는 사실이다. 그들은 간식 차례가 돌아오는 것을 걱정할 만큼 어려운 집안 사정을 잘 알고 있었다. 간식을 먹지 못하는 것을 투정하는 것이 아니라 간식을 주지 못하는 부모의 마음을 헤아리는 것, 일찍 철이 들 수밖에 없었던 당시 아이들의 모습이었다.

지금처럼 풍요로운 삶을 누리게 된 것은 그리 오래되지 않았다. 사람들은 시나브로 바뀌는 것은 잘 기억하지 못하는 경향이 있는데, 곤궁했던 그 시절을 떠올려보면 가장 기억에 남는 것이 하나 있다. 바로 '좀도리'라는 항아리다. 다소 생소하게 들리는 '좀도리'라는 말은 전라도 방언으로 쌀을 절약하는 것을 의미한다. 어머니께서는 솥에 밥을 지을 때마다 쌀을 한 줌씩 덜어내 '좀도리'에 담곤 했다. 그렇게 며칠이 반복되면 항아리 안은 쌀로 가득 찼다. 끼니를 거를 때가 부지기수였던 시절, 혹시 모를 어려운 상황을 대비하기 위해 어머니는 '좀도리'에 쌀을 모았다. 좀도리는 가족의 건강과 살림을 책임졌던 어머니의 현명한 지혜의 발로였다.

아이에게 언제 닥칠지 모를 위기와 난관, 이를 대비하기 위해서는 부모의 현명한 지혜가 필요하다. 오늘날 부모들은 얼마나 많은 좀도리의 지혜를 발휘하며 아이를 키우고 있을까. 한석봉의 어머니는 자만에 빠져 집으로 돌아온 자식에게 뉘우침을 주고자 어둠 속에서 떡을 썰었다. 율곡 이이를 길러낸 신사임당은 말이나 글이 아닌 스스로 모범을 보임으로써 자녀 교육의 지혜를 발휘했다. 역사 속 위대한 인물의 탄생 뒤에는 그들을 지혜롭게 키웠던 어머니가 있었다. 하지만 요즘 엄마들은 자신의 지혜는커녕 아이들이 지혜를 발휘하는 기회마저 빼앗고 있지는 않은지 생각해볼 필요가 있다.

어린 시절 가장 필요한 것 중 하나가 무엇이든 직접 체험해보는 것인데, 요즘 부모들은 그런 기회를 주기보다는 책상에 가만히 앉아 공부하기만을 원한다. 예컨대 과학 실험 시간은 아이들이 주도적으로 학습하고 체험해나가는 시간이다. 하지만 많은 아이들은 이미 학원을 통해 실험의 결과를 알고 있다. 그들은 이미 결과를 다 알고 있는데 왜 굳이 실험을 해야 하는지 의문이다. 심지어 어떤 아이들은 다른 교과를 공부하기까지 한다. 그들은 체험을 통한 시행착오의 과정을 시간 낭비로 생각한다. 잘 정리되어 있는 교과서로 이론 공부를 하는 것이 성적 향상에 더 도움이 된다고 여긴다.

기존의 과학자들이 실험해서 잘 정리해놓은 지식을 그대로 섭취하는 것이 과학 수업의 목적이라면 10분도 안 되어서 수업은 마무리될 수 있다. 하지만 아이들이 직접 실험을 통해 과학자의 경험을 체험해보고 탐구하는 것이 목적이라면 1시간이라도 부족하다. 우리는 단순히 지식을 배우기 위해 실험하는 것이 아니다. 그 실험을 통해 탐구하는 과정을 배우고 더 나아가 지혜를 얻는 방법을 배우기 위해서다. 책을 통해 얻은 단순한 앎은 결코 지혜가 될 수 없으며, 직접 몸을 부딪치고 경험해보아야만 비로소 지혜를 얻을 수 있다.

오늘날 교육 이론에 관한 지식을 가진 엄마는 많지만 현명한 지혜를 터득한 엄마는 적다. 당장 아이의 성적에 일희일비하는 엄마는 아닌가 생각해보자. 시험문제 한 개를 더 맞힌다고 아이에게 지혜가 생기는 것이 아니다. 아이의 지혜를 일깨우는 것은 다양한 경험과 생각을 통한 사고의 확장에 있다. 과연 나는 지금 지혜로운 엄마가 되기 위해 얼마나 노력하고 있는가?

아이는 꽃으로도 때리지 말라

어린이는 신이 인간에 대하여 절망하지 않고 있다는 것을 알려주기 위해 이 땅에 보낸 사자(使者)이다.

– 라빈드라나트 타고르Rabindranath Tagore

"부모님이 가장 좋았던 순간은 언제인가요?"

이렇게 질문을 던지면 아이들은 잠시 동안 고민하며 가장 좋았던 때를 찾는다.

"저는 엄마가 장난감을 사줄 때가 가장 좋아요.", "아빠가 맛있는 음식을 사줄 때가 좋아요.", "놀이공원에 데려 갈 때가 제일 좋아요."

아이마다 부모님이 가장 좋았던 순간은 모두 제각각이다. 하지만 반대로 부모님이 가장 싫었던 순간이 언제였는지 물어보면 고민도 없이 대답이 바로바로 나온다.

"엄마가 화낼 때가 가장 싫어요.", "아빠한테 매 맞을 때가 가장 무서워요."

아이들의 대답은 하나같이 비슷하다. 아이들은 부모님에게 야단 맞는 그 순간을 결코 잊지 못하는 것 같다.

평소 부모는 아이에게 아낌없는 사랑을 준다. 하지만 잘못된 행동을 했을 경우에는 야단을 치거나 체벌을 주기도 한다. 문제는 부모가 체벌을 했을 때 아이가 이를 어떻게 받아들이는가 하는 점이다. 부모는 아이가 잘되라는 의미에서 매를 들지만 아이는 그 이유를 전혀 받아들이지 못한다. 아이들은 아직까지 '사랑의 매'에 대한 의미를 모르기 때문이다. 대부분의 아이들은 부모가 체벌하는 것은 자신을 미워하기 때문이라고 생각한다. 자신이 왜 맞는지조차 모르는 아이들을 때리는 것이 과연 교육적인 효과를 기대할 수 있는 일일까?

꾸중을 하는 것은 아이의 잘못된 행동을 교정하기 위해서다. 하지만 어디까지가 잘못된 행동인지는 부모마다 주관적이다. 꾸중을 하는 데에 기준이 없으면 부모가 기분 내키는 대로 야단치기 쉽다. 부모 스스로 아이의 잘못된 행동에 관한 기준을 만들어보자. 그리고 내 아이가 지금 잘못하고 있는 일이 있으면 조목조목 따져보도록 하자. 그것만으로도 아이를 야단치고 꾸중하는 횟수가 많이 줄어들 것이다.

인간은 자신의 마음 상태에 따라 주변의 상황을 전혀 다르게 받아들인다. 기분이 좋은 날은 상대의 단점도 좋게 보이지만, 기분이 좋지 않은 날은 좋은 것도 밉게 보인다. 즉 체벌에는 반드시 감정이 실릴 수밖에 없다. 로봇이 아닌 이상 아무런 감정 없이 체벌하는 것은 불가능하다. 하지만 감정이 실린 체벌은 더 이상 교육이 아니다. 그것은 교육의 탈을 쓴 폭력에 불과할 뿐이다.

아이는 부모에 비해 약자다. 부모가 갑이라면 아이는 을이다. 아이가 잘못했다고 매를 들면 아이보다 나은 것이 없다. 그런 것이 부모의 교육이라면 그런 교육은 아무나 할 수 있다. 아이가 잘못한 것이 있으면 그것을 깨우쳐주는 것이 부모의 역할이다. 매를 때리는 것은 누구나 할 수 있지만 깨우침을 주는 것은 아무나 할 수 없다.

아이의 실패를 대하는 엄마의 자세

나는 실험에 실패할 때마다 성공을 향해 한 발짝 한 발짝
다가가고 있다고 생각했다. 실패 없는 성공은 없다.
실패의 교훈은 언젠가 자신에게 이익이 되어 돌아온다.

– 토머스 에디슨Thomas Alva Edison

인생에서 실패의 경험이 많지 않은 사람은, 그만큼 도전하고 시도한 적이 별로 없는 사람이라는 말과 같다. 인간은 실수를 해가면서 배우는 법이다. 어릴 적에는 최대한 많은 실수를 하고 자라야 한다. 하지만 실수라고 해서 다 같은 실수가 아니다. 실수에는 자신감이 넘치는 실수와 자신감이 결여된 실수가 있다. 실수를 하더라도 자신감이 넘치는 실수를 해야 더욱 더 많은 교훈을 얻을 수 있다.

컬럼비아대학(Columbia University)의 쟈넷 멧칼프(Janet Metcalfe)와 리사 손(Lisa Son) 교수는 실험을 통해 실수의 긍정적 측면을 연구했다. 그들은 사람들이 틀릴 수밖에 없는 어려운 문제

를 제시한 뒤 답을 말하는 사람들의 반응을 연구했다. 답을 말하는 사람들의 모습은 다양했다. 자신 있게 답을 말하는 사람들이 있는가 하면 자신 없는 태도로 답을 얘기하는 사람도 있었다. 심지어는 아무 대답도 하지 않은 사람도 있었다. 연구팀은 실험자들이 내놓은 답에 대한 확신감에 따라 총 4개의 그룹으로 나누었다. 그리고 정답을 가르쳐준 뒤 그들이 정답을 얼마나 잘 기억하고 있는지 알아보았다.

실험 결과는 놀라웠다. 자신감 있게 틀린 그룹과 그렇지 않은 그룹들 간의 학습 성과에 상당한 차이가 났기 때문이다. 비록 처음에는 다 같이 틀렸지만 다시 문제를 냈을 때 자신 있게 답을 말했던 그룹에 속한 사람들이 답을 훨씬 더 많이 기억하고 있었다. 특히 아무 답도 말하지 않은 그룹이 정답을 기억한 확률은 자신 있게 틀린 그룹의 절반에도 미치지 못했다. 밴더빌트대학(Vanderbilt University)의 리사 파지오 교수는 이러한 현상의 원인을 '주의의 포획(attentional capture)'에서 찾았다. 사람들은 자신이 확신하고 있는 어떤 사실이 잘못된 것임을 깨닫게 되었을 때, 새롭게 알게 된 지식이나 정보에 훨씬 더 집중하기 때문에 이를 잘 기억하고 오랫동안 유지할 수 있다는 것이다.

자고로 아이는 자신감 넘치는 실수를 많이 하면서 자라야 한다. 이를 위해서는 아이의 실수에 대한 부모의 인식부터 바꿔야 한다.

교육 강국 핀란드에서는 실수를 축하하는 기념일이 있을 만큼 실패를 옹호하는 분위기를 만드는 데 앞장서고 있다. 실패를 꾸중하거나 문책하지 않고 오히려 축하해주는 이러한 독특한 사회 분위기는 핀란드 내 기업들의 국제 경쟁력을 강화시키는 원동력이 되었다. 많은 사람들이 알고 있는 세계적인 인기 게임 '앵그리버드(Angry Birds)'는 모바일 게임회사 로비오(Rovio)가 51번의 실패 끝에 52번째 도전으로 성공한 게임이다. 실패를 응원하는 기업 내 분위기가 없었더라면 앵그리버드는 결코 빛을 보지 못했을 것이다.

실수는 단순히 실수로 끝나는 것이 아니다. 실수는 아이가 성장해가는 과정에 있어서 소중한 경험이다. 아이가 실수를 해도 꾸중하는 것이 아니라 오히려 응원해주는 가정 분위기를 만들어야 한다. 이를 위해 엄마는 아이의 실수에 대해서 최대한 관대해져야 할 필요가 있다. 아이가 잘못을 했을 때 인상을 쓰며 꾸중을 하기보다는 인자한 모습으로 더 잘할 수 있다는 말을 해주는 것이다. 비록 아이가 실수를 해서 엄마 마음이 언짢아져도 이를 내색하기보다는 실수마저도 포용하는 넓은 마음을 보여주어야 한다. 항상 엄마가 곁에서 나를 지지하고 신뢰하고 있음을 느낄 수 있도록 말이다.

또한 아이가 실수를 해도 그것을 엄마가 직접 해결해주어서는 안 된다. 아이가 범하는 실수는 엄마의 실수가 아니라 어디까지나 아이 자신의 문제이다. 아이 스스로 극복하고 해결해야 할 자신의 문제인 것이다. 아이가 실수하는 것이 두려워 그 상황을 엄마가 대신 해결해주는 것은 아이 스스로 해낼 수 있는 힘이 없다고 믿는 것이나 마찬가지다. 아이 곁에서 묵묵하게 지켜보면서 아이 스스로 자신감과 내면의 강인함을 기를 수 있도록 참을성 있게 기다리자.

3

자녀 교육은 인문학에 달려 있다

재덕겸무(才德兼無) 위지우인(謂之愚人), 덕승재(德勝才) 위지군자(謂之君子),
재승덕(才勝德) 위지소인(謂之小人)
재주와 덕이 모두 없는 사람을 우인이라 하고, 덕이 재주보다 뛰어난 사람을
군자라 이르고, 재주가 덕보다 뛰어난 것을 소인이라 이른다.

– 사마광 《자치통감》

철학하는 아이가 세상을 바꾼다

교육의 목적은 정보 습득이 아니다. 사고를 하는 방법을 훈련하는 것!
그것이 바로 교육의 본질이다.

– 앨버트 아인슈타인Albert Einstein

"나는 누구일까요?", "어차피 인간은 다 죽을 텐데 왜 사는 걸까요?"

어른들이 하는 말이 아니다. 이제 갓 6학년이 된 아이들이 쏟아내는 질문들이다. 초등학교 고학년은 주체성이 발달하고 자아의식이 확립되어 가는 시기다. 그들은 점차 아이라는 껍질을 깨고 청소년기로 접어들게 된다. 이 시기 아이들은 어린이가 아닌 어른에 가깝다는 생각을 하기 때문에 어른에 준하는 대접을 받고 싶어 한다.

그동안 부모나 교사가 시키는 것을 정답으로 생각하고 잘 따라왔지만, 이 시기는 다르다. "부모님 말씀이 꼭 맞는 것일까?", "선생님 말에는 무조건 따라야만 하는 걸까?" 하고 문제를 제기하고 비판하기 시작한다. 부모나 교사가 해주는 조언은 잔소리나 간섭으로 여긴다. 아이들의 이런 모습은 기성세대에게 반항하는 모습으로 비춰지기 마련이다. 아이 역시 어른도 아닌, 아이도 아닌 애매한 상황 속에서 혼란스럽기는 마찬가지다.

'나는 누구인가?'

어른들도 해결하지 못한 이 질문을 초등학생 아이가 풀어내기란 결코 쉬운 일이 아니다. 청소년기에 이를 심각하게 고민했던 어른들은 그 질문을 잊어버리고 산 지 오래다. 과연 그들은 정답을 찾아냈을까? 그들 역시 정답을 찾지 못했다. 하지만 마치 알고 있는 것처럼 얘기한다. 인간의 본질에 관한 질문에 정답이 존재할 리 없다. 끊임없이 내가 누구인지 생각하며 성찰하고 살아갈 뿐이다. 당장 결론은 내릴 수 없을지라도 질문을 가슴에 품고 살아가다 보면 남은 삶을 위한 이정표 하나쯤은 발견할 수 있을지도 모른다.

'어떻게 살아야 하는가?'는 '나는 누구인가?'에 관한 물음 뒤에 항상 뒤따르는 질문이다. 자신의 존재에 대해서 고민하는 사람들은 어떻게 사는 것이 가치 있고 바람직한 삶인지 생각한다. 하지만 그에 대한 답은 절대 쉽게 찾아낼 수 없다. 숱한 의문과 생각, 반성하는 삶을 통해 계속 찾고 노력하는 수밖에 없다.

성적만을 맹목적으로 좇으며 살아온 아이들은 공부 이외에는 잘

할 수 있는 일도, 좋아하는 일도 별로 없다. 형식적인 스펙은 화려하게 쌓을 수 있을지 몰라도 감동을 주는 진솔한 자신만의 스토리는 만들어내지 못한다. 내가 진심을 다해 사랑하는 대상을 갖기 위해서는 어려서부터 공부 이외의 다양한 세계를 경험할 필요가 있다.

사랑하는 대상이 있는 아이는 매사가 즐겁다. 이미 수많은 시행착오를 겪고 내면을 단단하게 단련시켜왔기 때문에 어렵고 힘든 난관이 닥쳐도 결코 포기하는 일이 없다. 실패를 하더라도 이에 낙담하지 않고 더 큰 성장의 계기로 삼는다. 무엇보다 현재를 살아갈 줄 안다. 사랑의 대상은 절대불변의 것이 아니다. 아이가 성장해가면서 그 대상은 얼마든지 바뀔 수 있다. 다만 죽을 때까지 사랑하는 대상 하나쯤은 가슴에 품고 살아야 한다.

아이 인생에는 수없이 많은 점들이 불규칙하게 펼쳐져 있다. 그 점들을 결코 한 번에 연결할 수는 없다. 또 어떻게 연결하는 것이 정답인지도 모른다. 선으로 연결하고 색을 입혀 그림을 완성하는 것은 아이의 노력과 역량에 달려 있다. 어떤 그림을 그리라고 강요하지 말자. 아이가 좋아하는 것, 사랑하는 것을 그려나갈 수 있도록 참고 기다리자.

최고의 공부는 고전에 있다

고전을 읽으면 머리가 맑아지고 마음이 정화된다.
이것은 마치 나그네가 바위틈에서 솟아나는 맑은 물을 마시고
원기를 회복하는 것과 같다.

– 쇼펜하우어Arthur Schopenhauer

요즘 사회 곳곳에서 인문학 열풍이 불고 있다. 이윤 창출을 최고 목표로 하는 사교육 시장에서조차 인문학이 성행하고 있는 것을 보면 오늘날 교육계의 화두가 무엇인지 쉽게 알 수 있다.

인문 교육이 강조되다 보니 고전을 마치 암기 과목처럼 대하는 사람들이 생기기 시작했다. 시사 상식처럼 고전 문구를 암기하고 이를 다시 평가받는 방식의 인문학 교육이 성행하고 있는 것이다. 이런 인문 교육은 20세기의 교육 스타일을 그대로 답습할 뿐 아무런 의미도 없다. 인문적 소양을 함양하는 것은 인문학에 관한 단편적인 지식을 암기하는 것이 아니다. 실제의 인문적 체험을 통해 사

유하고 느끼는 데에 그 의미가 있다. 인문적 체험이 없는 인문학은 아무짝에도 쓸모없는 거짓에 불과하며 거기서 통찰이 나올 리 만무하다.

인문학의 진수는 고전 속에 녹아 있다. 사람들은 고전보다는 베스트셀러를 좋아한다. 당장 읽기 쉽고 재미있기 때문이다. 하지만 고전이 잘 숙성된 묵은지라면 베스트셀러는 그날그날 먹기에 적합하도록 속성으로 조리된 겉절이다. 두 음식을 재료로 만든 요리를 보면 그 맛과 깊이의 차이를 더욱 쉽게 알 수 있는데, 묵은지를 넣어서 만드는 요리에는 그다지 많은 양념을 넣지 않아도 깊은 맛이 난다. 오히려 많은 양념이 가해지면 묵은지 본연의 맛을 망치기 일쑤다. 반면에 겉절이는 될 수 있는 한 많은 양념이 들어가야 맛이 있다. 두 음식의 차이는 오래 두고 먹을 것인지 아니면 일시적으로 먹을 것인지 하는 시간 차이에서 기인한다. 오래 두고 먹기 위해서는 겉절이가 아닌 묵은지가 필요하다. 마찬가지로 변하지 않는 삶의 지혜를 얻기 위해서는 베스트셀러보다는 고전을 곁에 두고 읽어야 한다.

인문·고전은 단순한 책이 아니다. 인류의 역사 속에 족적을 남겼던 위대한 선각자들이 터득한 정수가 묵은지처럼 숙성되어 있다. 그들은 떠나고 없지만 그들이 깨달은 지혜는 여전히 책 속에 남아 현대를 살아가는 독자들과 대화를 나누고 있다. 수천 년을 거쳐 터득한 지혜를 한 권의 책으로 만날 수 있다는 것은 큰 축복이다. 그래서 고전을 읽는 것은 동서고금을 막론하고 가장 기본적인 교육방법의 하나로서 활용되어왔다. 이를 가장 효과적으로 활용하는 학교가 있다. 바로 전 세계에서 노벨상 수상자를 가장 많이 배출한 시카고대학(University of Chicago)이다.

우리에게 널리 알려진 하버드(Havard University)나 MIT (Massachusetts Institute of Technology), 프린스턴(Princeton University), 예일(Yale University)과 같은 대학에 비하면 시카고대학은 인지도가 다소 떨어지는 편이다. 하지만 이 대학은 노벨상 수상자가 90여명에 이를 만큼 학력 수준이 높은 것으로 정평이 나 있다. 과연 어떤 특별한 교육 시스템이 있는지 무척 궁금해진다.

현재 미국은 물론 세계 유수의 대학과 견주어도 손색이 없을 정도로 명문이 된 시카고대학도 한때는 미국 내에서 삼류 대학을 전전할 때가 있었다. 공부와는 거리가 먼 불량스러운 학생들이 주로 입학했고, 학력 수준 또한 매우 낮았다. 그럼에도 불구하고 그들이 세계적인 대학의 반열에 서게 될 수 있었던 것은 '시카고 플랜(Chicago Plan)'이라 불리는 인문·고전 독서 교육프로그램 덕분이었다. 이 프로그램을 이수하려면 학생들은 재학 기간 동안 인문고전도서 100권 이상을 달달 외울 정도로 읽어야 했다. 이러한 인문·고전 독서교육을 통해 그들은 비판적 사고와 토론 능력을 기를 수 있었고, 이는 최다 노벨상 수상이라는 결실을 맺게 하는 원동력이 되었다.

고전의 중요성에 대해서 많은 사람들이 공감하지만 이를 제대로 읽고 활용하는 사람은 별로 없다. 수천 년의 시간 간격만큼이나 고전을 접하는 사람들의 괴리감은 크다. 고리타분한 이야기를 읽어 무엇에 쓸까, 혹은 당장 필요한 방법을 알려주는 자기계발서가 유용하지 않을까?라고 생각할지도 모른다. 유행가는 당장 즐거움을 주지만 그것을 지속적으로 다시 듣는 사람은 거의 없다. 하지만 고전은 정반대다. 당장의 즐거움은 느낄 수 없을지도 모르지만 두고두고 읽다 보면 삶의 지혜를 얻는 기쁨을 누릴 수 있다. 고전은 바로 그런 것이다.

흔들리지 않는 교육관이 먼저다

나는 아이들을 키우면서 정신이 나간 대신 영혼을 발견했다.

– 리사 T. 셰퍼드

한때 '힐링(healing)'이라는 말이 유행한 적이 있었다. 힐링을 화두로 한 다양한 텔레비전 프로그램이 등장했고, 서점가에서도 이와 관련된 서적들이 불티나게 팔렸다. 이는 그만큼 우리 사회에 위로받고 싶은 사람들이 많다는 징표였다. 예전에 비해 훨씬 더 많은 것을 향유하고 풍요로운 삶을 살고 있지만 오히려 더 불행해졌다고 하소연하는 사람들이 많아졌다. 그들은 치유 방법을 힐링에서 찾았지만 효과는 오래가지 않았다. 힐링은 통증을 일시적으로 완화시킬 수 있는 대증요법에 불과했다. 사람들은 힐링을 버리고 다른 방법을 찾았다. 그것이 바로 인문학이다.

상처를 치유하기 위해서는 살 속 깊이 파고드는 고통을 견딜 수 있는 인내와 피고름을 짜낼 수 있는 용기가 필요하다. 하지만 현실을 회피하는 힐링을 통해서는 뼈를 깎는 인내나 살점을 도려내는 용기를 얻기 어렵다. 현실에 부닥친 문제를 해결할 수 있는 용기를 주는 것이 아니라 듣기 좋은 위로의 말로 고통을 덮어둔 채 현실로부터 도피하게 만들기 때문이다. 하지만 인문학에는 인간에 관한 모든 것이 담겨 있다. 고통의 근원을 찾을 수 있고, 이를 극복하고 치유할 수 있는 지혜도 담겨 있다. 지금 우리나라에 불고 있는 인문학 열풍, 그것은 우리 사회의 위기를 극복하고자 하는 굳은 의지가 반영된 것이 아닐까?

서강대 최진석 교수에 따르면 역사별, 시대별로 사회가 요구하는 핵심 학문이 다르다고 한다. 이는 특정 사회나 국가에만 국한된 것이 아니라 어느 정도의 정형성을 띠고 있다. 그가 집필한《인간의 무늬》에서는 국가의 발전과 학문의 관계를 다음과 같이 설명하고 있다. 국가가 새롭게 시작되는 시기에는 강력한 통치 기반이 필요하다. 그래서 법학이나 정치학이 학문의 주류가 되어 사회를 이끌어 간다. 사람들이 희망하는 직업도 판사나 검사와 같은 법조인이나 정치인이 대부분이다. 사회질서가 웬만큼 확립되면 위정자들은 국가가 오랫동안 존속될 수 있는 기반을 다지려고 한다. 그래서 그들은 사회통합을 꾀하고 국민들이 안심하고 살아갈 수 있도록 사회학이나 경영학, 경제학에 관심을 갖는다. 의식주가 해결되고, 생활이 윤택해지면 사람들은 물질적인 풍요로움보다는 정신세계의 자유로움을 원하게 된다. 그래서 이 시기에는 역사나 문학, 철학, 심리학과 같은 인문학이 주요 학문으로 등장하게 된다.

이러한 사회발전에 따른 핵심 학문의 변화는 교실에서도 비슷하게 적용된다. 교사는 새 학기가 시작되면 강력한 규칙과 질서를 통해 반 전체 아이들을 통제하고 규제한다. 이는 법학과 정치학이 핵심 기능을 하는 사회발전 초기 단계와 비슷하다. 어느 정도 반 분위기가 확립된 이후에는 학급을 원활하게 이끌어나가는 데 도움을 주는 학급 경영 노하우에 관심을 갖게 되는데, 경영학이나 사회학이 대세를 이루는 사회발전 시기와 닮아 있다. 학급 경영에 노하우를 쌓은 교사는 자신이 가진 교육관이나 교육 철학을 바탕으로 나만의 차별화된 학급을 운영하기를 원한다. 학급 경영에 교육철학이 투영된 교실은 인문학이 핵심 기능을 하는 사회발전 단계와 흡사하다.

교육관이 녹아 있지 않은 교실은 작은 변화에도 이리저리 흔들리기 쉽다. 교사가 흔들리면 아이들은 더욱더 요동치게 되는 법, 혼란이 팽배한 교실에서는 아무것도 배울 것이 없다. 교육관이 제대로 확립되지 않은 가정 또한 별반 다르지 않다. 교육관이 확립되지 않은 부모는 내 아이에 맞는 교육이 아니라 다른 엄마의 교육 방법을 따라 하기 쉽다. 세상에 단 하나뿐인 아이 교육에 정해진 답은 없다. 자녀 교육의 성공한 사례를 모범으로 삼을 수는 있으나 어디까지나 참고 자료일 뿐이다. 내 아이를 위한 의미 있는 교육이 되기 위해서는 자신만의 교육관과 교육 철학을 확립해야 한다. 그러기 위해서 부모는 항상 의식이 깨어 있기 위해 노력해야 하며 그 시발점은 인문학 교육이 되어야 할 것이다.

내일보다 오늘이 소중하다

인간은 현재라는 가치의 중요성을 모른다. 막연하게 지금보다 나은 미래를 상상하거나 헛된 과거에 집착하기 때문이다.

– 괴테Johann Wolfgang von Goethe

삼삼오오 모여 등교하는 아이들 모습은 참 정겨워 보인다. 문구점에서 학용품을 사는 아이가 있는가 하면, 구멍가게에 들러 군것질을 하는 아이도 있다. 길바닥이 제 방인 양 앉아서 딱지치기를 하는 아이가 있는가 하면, 아침부터 땀을 뻘뻘 흘리며 뛰어노는 아이들도 있다. 등교하는 아이들 모습은 각양각색이다. 아이들이 학교에 오는 것은 거창한 목적을 이루기 위해서가 아니다. 하루하루를 즐기고 행복을 만끽하기 위해서다. 어른들은 더 나은 삶을 위해 인생 목표를 설정하고 현재를 희생하지만 아이들은 오늘의 행복과 순간의 즐거움이 더 소중하다.

'목적'이라는 단어 속에는 현재에 대한 희생이 전제되어 있다. 현재는 힘들더라도 노력한 만큼 더 나은 미래를 기대하는 보상 심리가 들어 있는 것이다. 이는 목표를 이루기 위해서는 현재의 삶을 희생하는 것이 당연하다는 뜻으로 받아들여질 수 있다. 하지만 아이들은 미래를 위한 노력 따위에는 별로 관심이 없다. 미래는 너무나 요원한 것이기에 오로지 현재의 '나'만이 중요하게 생각될 뿐이다. 하루하루 그 순간을 즐겁게 살아가는 것, 그것이 아이들의 존재 이유이자 목적이다.

아이들은 교실이 아닌 다른 곳을 좋아한다. 화장실에서 노는 것도 좋아하고, 과학실에서 실험 도구를 만지는 것도 좋아한다. 도서관 바닥에 앉아 책을 읽는 것도 좋아하고, 운동장에 나가 뛰어노는 것도 좋아한다. 교실만 아니면 그 어떤 곳도 가리지 않는다. 교실은 미래를 준비하는 곳이다. 하지만 현재를 살아가는 아이들은 교실에 있는 것 자체가 고역이다. 교실은 현재 욕구를 제약하는 통제의 공간이기 때문에 아이들은 보다 자유로움이 보장된 교실 밖으로 탈출하고 싶어 한다.

교실 속 아이들은 미래의 목표를 위해 현재를 희생하며 살아간다. 미래를 위해 준비하는 '내일의 나'만 있을 뿐 '현재의 나'는 없다. 미래를 위한 현재의 희생은 어느 정도 필요할지도 모른다. 하지만 현재와 미래가 주객전도된 삶은 인간을 불행하게 만든다. 열심히 공부하여 원하던 대학에 입학했다면 응당 행복해져야 함에도 불구하고 사람들은 결코 행복하지 않다. 대학을 졸업하게 되면 더 큰 현재의 희생을 요구하는 취업 경쟁이 기다리고 있다. 이쯤 되면 영원히 미래를 위한 희생만 하다가 인생이 끝나지는 않을까 두렵다. 10년을 희생하고 수천 년을 편하게 살 수 있다면 그 정도 희생을 감수하는 것쯤은 정당할지도 모른다. 하지만 인간의 시간은 길어야 고작 100년에 불과하다. 내가 좋아하고 즐거운 일을 다 하지도 못할 만큼 부족한 시간이다. 좋아하지도, 즐겁지도 않은 일을 하며 평생을 희생하며 살아가는 것은 어리석고 불행한 일이다.

현재를 희생하고 얻는 미래는 공허하기만 하다. 만족스럽지도 않고 결코 행복하지도 않다. 이제는 현재를 당당히 즐기고 살아가는 사람이 되어야 한다. 그렇다고 미래 따위는 안중에도 없는 방탕한 삶을 살라는 말은 아니다. 현재의 소중함을 아는 사람은 결코 방탕한 삶을 살아가지 않는다. 자신이 좋아하고 사랑하는 일을 하기 때문에 그 누구보다 자신의 인생을 사랑할 줄 안다.

사유하는 부모가 되어라

아이는 부모를 보면서 자신을 알게 된다.
또한 부모의 자존감과 아이의 자존감은 닮는다.
아들은 아버지의 자존감을, 딸은 어머니의 자존감을 닮는다.

– 조세핀 김(하버드교육대학원 교수)

수십억 년 지구의 역사 속에서 인간이 주인공으로 등장한 것은 그리 오래되지 않았다. 인류 문명이 발전하는 과정에서 인간의 정신세계를 지배한 것은 '신(神)'이었다. 오랜 시간 동안 인간은 신이 만들어놓은 부속품에 불과하다고 여겨왔다. 인간이 가진 자유의지는 신 앞에서 너무나 무기력하고 보잘것없었다.

신 중심의 세계관을 정면으로 깨트린 사람이 바로 철학의 아버지라 불리는 탈레스(Thales)다. 그는 만물의 근원을 신화에 의존하지 않고 과학적 방법론에 입각해 설명하고자 했다. 신을 떠나 '인간' 중심의 세계관으로 넘어갈 수 있도록 물꼬를 튼 선봉에 탈레스가 있다.

수천 년 전에 탈레스가 있었다면 오늘날에는 마크 저커버그(Mark Zuckerberg)가 있다. 그는 인간의 현실 세계를 가상공간에 구현하기 위해 '페이스북'을 만들었다. 초창기 페이스북은 하버드 대학생들만 이용하는 제한적인 서비스에 불과했다. 하지만 현재는 전 세계 13억 명 이상이 이용하는 거대한 소셜 네트워크 서비스로 성장했다.

페이스북의 급격한 성장의 이면에는 인문학에 심취한 저커버그가 있었다. 그는 자신이 깨달은 인문학적 DNA를 프로그램 속에 고스란히 이식했다. 그 결과 페이스북은 인간의 본질을 가장 잘 분석하고 이를 가장 잘 구현한, 전 세계에서 가장 인기 있는 통신수단이 되었다.

탈레스와 저커버그 사이에는 2,700여 년이라는 긴 역사의 강이 흐르고 있다. 최초의 철학자인 탈레스와 페이스북을 세계적인 기업으로 성장시킨 저커버그. 그 긴 시간의 연결 고리에는 '철학(哲學)'이 있다.

인간이 배우고 익히는 여러 학문들은 사회의 변화에 따라 생(生)과 사(死)가 결정된다. 하지만 급격한 사회 변화 속에서도 결코 변하지 않는 학문이 있다. 바로 철학이다. 인간 세상의 본질을 다루기 때문에 시간이 흐르고 사회가 변해도 여전히 유효하다. 오히려 사회가 급격하게 변하고 복잡해질수록 더욱 각광받는 것이 철학이다.

사람들은 철학에 대해서 어떻게 생각하고 있을까? 대부분의 사람들은 철학에 대해서 좋은 인상을 갖고 있지 않다. 그들은 철학이 일상생활에 별 도움이 안 되는 학문이라고 여긴다. 소크라테스나 칸트처럼 높은 학식을 갖춘 사람들만 철학을 공부한다고 생각한다. 하지만 이는 철학에 대해서 잘못 알고 있는 것이다. 철학은 현실적이며 일상에 도움을 주는 학문이다.

인생은 수많은 선택의 연속이다. 사소한 것에서부터 중대한 사안까지 선택에는 깊은 생각이 필요하다. 우리는 매 순간 철학자가 되어 가장 현명하고 올바른 판단을 내리기 위해 노력하고 있다.

아이를 키우는 데에는 온갖 모양의 양육방식이 있다. 그중 어떤 것이 내 아이에게 가장 좋은 방법인지는 알기 어렵다. 하지만 철학적으로 사유하는 부모는 그 방법을 알고 있다. 세상의 많은 가치 중에서 가장 올바른 것이 무엇인지 합리적으로 선택할 수 있기 때문이다. 그들은 다른 집 부모와는 다른 자신들만의 뚜렷한 교육관을 가지고 현명하게 아이를 키울 줄 안다. 급격한 사회 변화 속에서 흔들리지 않는 교육을 하기 위해서는 부모 먼저 철학자다운 삶을 영위해야 한다.

더 높이 올라서는 비결은 덕에 있다

재덕겸무(才德兼無) 위지우인(謂之愚人), 덕승재(德勝才) 위지군자(謂之君子), 재승덕(才勝德) 위지소인(謂之小人). 재주와 덕이 모두 없는 사람을 우인이라 하고, 덕이 재주보다 뛰어난 사람을 군자라 이르고, 재주가 덕보다 뛰어난 것을 소인이라 이른다.

– 사마광 《자치통감》

미국 일류 대학의 박사 학위를 12개나 가진 가족이 있다. 자녀들은 모두 하버드대학(Harvard University)과 예일대학(Yale University)을 졸업했다. 심지어 한국인 최초 예일대 석좌교수, 오바마 정부의 차관보·법률고문 등 그들을 따르는 수식어도 화려하다. 전무후무한 이력을 지닌 이야기의 주인공들은 바로 '자녀 교육의 대모'라 불리는 전혜성 박사의 자녀들이다. 그녀의 자식들은 하나같이 모두가 부러워하는 성공한 사람들로 자랐다. 그들이 세계적인 엘리트로 자랄 수 있었던 데에는 남다른 자녀 교육 철학을 가진 어머니가 있었기 때문이다. 그녀는 '덕승재(德勝才)'라는 표현을 통해 능력보다 성품이, 재주보다는 덕이 있는 아이로 키워야 함을 늘 강조했다.

우리는 흔히 올바른 인성보다는 탁월한 재능을 가진 사람을 부러워한다. 뛰어난 능력이 쉽고 빠른 성공을 보장하는 것처럼 보이기 때문이다. 물론 성공을 위해서는 어느 정도의 재주는 필요하다. 하지만 그것보다 더 중요한 것은 바로 덕(德)이다. 덕을 갖추고 있지 않은 능력은 한낱 얄팍한 재주에 불과하다. 설사 탁월한 능력으로 높은 지위에 올랐다고 하더라도 사람들로부터 존경과 사랑을 받기는 힘들다. 언제 꺼질지 모르는 바람 앞의 촛불처럼 위태로운 자리일 뿐이다.

덕보다 재주가 앞서는 아이에게 있어 '친구'란 짓밟고 올라서야만 하는 경쟁자일 뿐이다. 사람을 귀하게 여길 줄 모르기 때문에 친구를 깔보거나 업신여긴다. 남을 돕는 데에는 인색하며 오로지 자신의 안위만을 생각한다. 하지만 이런 아이는 결코 훌륭한 리더로 자랄 수 없다. 내 아이가 더 높이 올라서기 위해서는 재주보다 덕이 앞선 사람이 되어야 한다. 실제로 전혜성 박사는 자녀들이 훌륭하게 자란 이유를 덕의 실천에서 찾았다. 그녀의 자식들이 이룩한 사회적 지위와 명성은 남을 돕고 베푸는 과정에서 자연스럽게 이루어진 일이라는 것이다.

덕이 있는 사람은 내가 가진 것을 남에게 내준다. 자신이 가진 재주를 남을 돕는 데 쓸 줄도 안다. 개인의 욕심보다 공동의 이익을 훨씬 더 중요하게 생각한다. 그래서 그들은 좋은 옷을 입고 아첨하는 말을 하지 않아도 사람들이 따르기 마련이다. 그들에게는 꽃보다 더 그윽하고 맑은 인품의 향기가 넘쳐난다. 주변에 자신을 존경하고 사랑하는 사람이 많기 때문에 자연스럽게 리더가 될 수 있다. 내 아이를 많은 사람들의 사랑과 존경을 받는 리더로 키우기 위해서는 재주보다는 덕이 넘치는 아이로 키워야 한다.

잠들기 전 동양고전을 들려주어라

어린이의 배움은 쓰고 외우는 데에 있는 것이 아니라,
타고난 지혜와 능력을 길러주는 데에 있다.

– 양억

젖먹이 아이가 말을 배우는 과정을 살펴보면, 한동안 전혀 말을 하지 못하다가 어느 순간 폭발적으로 말문이 트이게 되는 것을 볼 수 있다. 이는 비록 아이가 말을 하지는 못하더라도 외부로부터 들리는 말을 듣고 상당한 양의 어휘를 이미 이해하고 있음을 의미한다. 이처럼 아이는 엄마의 말을 무의식적으로 들음으로써 언어의 세계를 확장해간다. 이뿐만이 아니다. 엄마의 말은 아이의 뇌가 발달할 수 있는 좋은 자극이 된다. 아이는 엄마의 말을 듣기만 하는 것이 아니다. 말을 시각화하여 마음속으로 상상하면서 듣는다. 똑같은 이야기 내용을 TV나 애니메이션으로 시청할 때는 상상할 필요가 없지만 듣기는 다르다. 아이는 이야기를 들으면서 무궁무진한 상상의 나래를 펼친다. 엄마의 말은 아이의 언어 감각은 물론 창의력을 키우는 데에도 매우 효과적이다.

교육열이 높은 민족으로 정평이 나 있는 유태인들은 예로부터 아이가 잠들기 전 책 읽어주기를 부모의 역할로 삼았다. 아이가 잠들기 전 머리맡에서 들려주는 '부모의 말'이 가진 교육적 효과를 매우 잘 알고 있었기 때문이다. 그들은 항상 아이가 잠들기 전에 책을 읽어주었다. 매우 사소한 일과 중의 하나로 생각할 수도 있지만, 노벨상 수상자를 가장 많이 배출한 민족이 될 수 있었던 원동력은 바로 이러한 책 읽어주기에 있지 않을까?

우리나라 학부모들도 유태인 못지않게 교육열이 높다. 하지만 유태인 부모와는 달리 우리나라의 부모들은 아이가 잠들기 전 책을 읽어주는 경우가 많지 않다. 어린 시절 책을 읽어주다가도 아이가 초등학교에 입학하게 되면 이를 멈추게 되는 경우가 많다. 아이가 글을 쓸 줄 알고 책도 스스로 읽을 줄 알기 때문이다. 또 책을 읽어주는 것이 귀찮기도 하고 아이가 시시해한다고 여기기 때문이기도 하다. 하지만 아이는 10살이 넘어서도 책을 읽어주는 것을 무척 좋아한다. 실제 초등학교 현장에서 고학년 아이들에게 동화책을 들려주면 전혀 지루해하지 않는다. 바른 자세로 귀를 쫑긋 세우고 즐겁게 귀담아듣는 것을 볼 수 있다. 선생님이 아닌 엄마가 책을 읽어주면 아이는 더욱 즐겁게 이야기를 들으며 상상의 세계에 빠져들 수 있을 것이다.

잠들기 전 아이에게 책을 읽어주는 활동은 참 쉬워 보인다. 하지만 이를 꾸준히 하는 것은 말처럼 그렇게 호락호락한 일이 아니다. 책 읽어주기를 하루 일과 중에서 반드시 하고 넘어가야 할 습관으로 만들어나가려는 노력이 필요하다. 미국 소아학회는 육아 지침서에 '아이에게 규칙적으로 책 읽어주기'라는 항목을 써넣을 만큼 이를 습관화할 수 있도록 적극적으로 권장하고 있다. 아이는 결코 밥만 먹고 성장하는 것이 아니다. 육체가 무럭무럭 성장해가는 만큼 정신세계도 함께 커나가야 한다. 아이의 정신세계는 엄마가 들려주는 책으로부터 가장 많이 발달해갈 수 있다.

자녀가 초등학생이 되면 동양고전으로 장르의 폭을 넓혀서 들려주자. 언뜻 동양고전을 떠올리면 재미없고 어렵다는 편견을 가지게 되지만 어렵지 않고 즐겁게 읽을 수 있는 것들도 있다. 예컨대 소학, 채근담, 명심보감 등은 짧은 구절로 구성되어 있어 잠들기 전 아이에게 쉽게 들려줄 수 있다. 동양고전 속에는 선인들이 터득한 현명한 지혜가 고스란히 담겨 있기 때문에 인성 함양은 물론 지혜까지 길러줄 수 있다.

매일 잠자기 전 시간을 정해 아이에게 규칙적으로 동양고전을 읽어주도록 하자. 많은 시간을 할애할 필요도 없다. 더도 덜도 말고 잠들기 전 딱 15분만 아이를 위해 쓰자. 스마트폰을 만지작거리다 잠에 드는 것이 아니라 동양고전 한 구절을 되뇌다 잠에 들 수 있도록 하자. 고전을 읽어주는 동안에는 책 읽는 활동에만 집중할 수 있도록 TV나 핸드폰은 잠시 꺼두자. 고전 읽어주기 활동이 다 끝나면 아이와 함께 읽은 내용에 관해 간단한 대화를 나누며 그 의미를 마음속에 새겨보자. 머리말에서 동양고전 한 구절을 매일 읽어준다면 아이는 무의식적으로 동양고전을 되뇌며 잠들 수 있을 것이다. 그리고 단순히 그 속에 담긴 문구와 지식을 습득하는 것이 아니라 몸 전체에 저절로 스며들게 될 것이다. 이렇게 동양고전을 통해 배운 옛 선인들의 지혜는 아이가 인생을 살아가는 데에 큰 버팀목이 되어 줄 것이다.

인간적 감성을 키워라

인생은 물리적 단계가 아니라 마음의 상태에 달려 있다.

– 새뮤얼 울먼Samuel Ulman

매년 학기 초 부모들과 상담을 할 때면 으레 아이의 장래 희망에 관한 말이 나온다. 아이들이 신상기록에 써놓은 장래 희망의 상당수가 교사, 공무원과 같은 안정된 직업들이다. 미래의 직업은 확 바뀌고 있는데, 우리 아이들과 부모들은 여전히 안정된 직장만 찾고 있다.

최근 이세돌과 알파고(AlphaGO)의 바둑 대결에서도 알 수 있듯이, 우리 삶은 하루가 다르게 급격하게 변화하고 있다. 복잡하다고 알려진 바둑에서 로봇의 승리는 앞으로 우리 아이들이 어떤 미래에서 살아가게 될 것인지 충분히 짐작하게 한다. 최근까지 각광받던

신기술산업조차도 하루아침에 사양산업으로 전락하기 일쑤다. 우리 아이들이 살아갈 미래 사회에서는 변화에 변화를 거듭하지 않으면 도태되기 쉽다. 부모 세대까지는 평생을 안정된 직업으로 삼을 만한 일들이 많았지만, 아이들이 주축이 될 미래 사회에는 불변하는 직업은 거의 없을 것이다. 현재 안정되어 보이는 직업을 목적으로 삼을 것이 아니라 변화되는 환경에 살아남을 수 있는 적응력을 기르는 것이 급선무다.

로봇 기술은 발전의 발전을 거듭하여, 이제는 매우 혁신적인 휴머노이드(Humanoid) 로봇이 등장하고 있다. 특히 일본의 전자기기 제조회사인 도시바(Toshiba)는 사람의 모습과 거의 비슷한 '지히라 아이코'를 내놨는데, 움직임은 훨씬 더 인간다워졌고 일본어는 물론 영어와 중국어, 심지어는 수화까지 할 수 있을 정도로 그 성능이 향상되었다. 현재 사람들이 하고 있는 많은 일들을 로봇이 대체하게 될 날도 머지않았다. 로봇은 정밀도, 정확도, 생산성 면에서 인간과 비교할 수 없을 만큼 우수한 능력을 발휘할 것이다.

로봇이 인간의 한계를 뛰어넘을수록 점점 더 불안하고 두려움을 갖는 사람들도 많아지고 있다. 빌 게이츠(Bill Gates)와 스티븐 호킹(Stephen William Hawking) 박사, 일론 머스크(Elon Musk) 등의 세계적인 유력 인사들은 슈퍼지능을 가진 AI(Artificial Intelligence)의 등장을 강력하게 경고하고 있다. 완전한 형태의 인공지능 로봇이 인류의 종말을 가져올 수 있을 만큼 심각한 위협이 될 수 있다는 것이다. 역사적으로 새로운 과학기술의 등장은 필연적으로 불안과 긴장을 동반해왔다. 하지만 현재, 최첨단 분야에서 막강한 영향력을 행사하고 있는 이들의 공통적인 경고는 역사 속에서도 찾아보기 힘든 사례이다.

로봇이 인간과 매우 흡사해질수록 누가 인간이고 누가 로봇인지 구분하기 어려워질 것이다. 물리적인 겉모습으로는 전혀 구분이 되지 않을 것이며 오로지 내면에 담긴 인간의 감성만이 로봇과 인간을 구분할 수 있는 기준이 될 것이다. 로봇이 득세하는 4차 산업혁명 시기에는 비록 정확도는 떨어지더라도 인간다움이 느껴지는, 인간만이 느낄 수 있는 인간성이 절대적으로 필요하다. 나는 누구이고 어떻게 살아야 하는지 끊임없이 생각하며 살아가야 한다. 그래야 로봇과는 다른 인간다운 삶을 살아갈 수 있다. 아무런 생각 없이 살아가는 것은 전기에너지에 의해 작동하는 로봇이나 다름없다. 인간을 인간답게 하는 것은 바로 생각하고 느끼는 데에 있다. 미래 사회에서 인간만이 가질 수 있는 인문적 감성을 결코 잃어서는 안 된다.

우리 아이들이 살아갈 미래에 로봇과 같은 삶을 살지 않기 위해서는 인문학 소양을 가진 아이로 키워야 한다. 문학을 통해 아이의 상상력과 예술적 감수성을 키우고, 철학을 통해 마음속 깊은 곳을 성찰해야 한다. 그리고 역사를 통해 지난날의 아픈 과거를 교훈으로 삼아 지혜를 배워야 한다. 인간성을 잃지 않기 위해 부모는 항상 아이에게 인문학적 사유를 할 수 있도록 해주어야 할 것이다.

4

크게 될 아이는 생각을 키운다

"박학이독지(博學而篤志)하고 절문이근사(切問而近思)면
인재기중의(人在其中矣)니라."
넓게 배워 뜻을 두텁게 세우고 이를 간절히 묻고 생각하면
인(仁)은 그 가운데에 있다.

–《논어》

생각의 틀을 깨면 아이의 행동이 달라진다

어린아이의 마음에 도달할 수 있는 사람은 세계의 중심에도 도달할 수 있다.

– 러드어드 키플링Rudyard Kipling

대부분의 아이들은 미술 수업을 좋아한다. 공부라기보다는 즐거운 놀이를 하는 시간쯤으로 생각하는 아이들이 많다. 하지만 모두가 이 시간을 즐겁게 보내는 것은 아니다. 특히 그림 그리기에 자신이 없는 아이들은 이 시간을 극도로 싫어한다. 그런 아이들은 다른 사람들이 자신의 그림을 보려고 하면 손으로 가리는 경우가 많다. 자신이 그린 그림이 친구들의 비웃음을 받거나 선생님의 꾸지람을 들을지도 모른다고 생각하기 때문이다.

초등학생 아이들의 그림 수준을 정확히 평가할 수 있는 방법이 있을까? 그림은 자신의 생각과 느낌을 즐겁게 표현하는 것일 뿐 정해진 답이 없다. 모든 아이가 예술적 자질을 갖고 태어나는 것도 아니고, 예술가가 되어야만 하는 것도 아니다. 아이가 그린 그림이 반드시 멋지고 아름다워야 할 필요는 없다. 그럼에도 불구하고 아이가 자신감이 없어진 까닭은 미술 활동을 시작할 무렵, 부모를 포함한 아이 주변의 기성세대들이 그림에 대한 정답을 심어주고 강요해 왔기 때문일 것이다.

맨 처음 아이가 그림 그리기를 시작할 무렵으로 돌아가보자. 아이는 그림 그리기를 결코 두려워하지 않는다. 빈 도화지를 연필로 마음껏 표현하고, 손이 가는 대로 색을 칠해가며 그림 그리기를 즐긴다. 그들은 그림 그리기를 처음 시작했지만 이를 결코 두려워하거나 낯설어하지 않는다.

하지만 기성세대에게 그림 그리기는 낯설고 힘든 일일 뿐, 전혀 즐거운 일이 아니다. 그림에 대한 자신만의 고정관념이 뚜렷하게 확립되어 있기 때문에 반드시 그 기준을 충족시켜야 한다는 강박관념을 가지고 있다. 그들은 정답에 가까운 좋은 그림을 그려야 한다고 생각하기 때문에 그림 그리기는 어려운 일이 될 수밖에 없다. 비단 이것뿐만 아니라 새로운 시작과 도전에 요구되는 일은 모두 다 어렵고 힘들다. 하지만 아이들은 어떤 고정관념에도 갇혀 있지 않기 때문에 새로운 시작과 도전을 하는 것이 두렵지 않다. 오히려 끊임없이 도전하고 새로움을 갈구하는 것이 아이의 본성이다.

이제 갓 초등학교에 입학한 1학년 아이들의 모습을 관찰해보면, 이를 더욱더 잘 확인할 수 있다. 그들에게 학교라는 공간은 온갖 신기하고 새로운 대상들 천지다. 그 어떤 고정관념도 그들을 통제하지 못하기 때문에 그들은 기성세대와 비교할 수 없을 정도로 자유롭고 호기심도 풍부하다. 하지만 학교에서 가르치는 교칙에 의해 길들여질수록 새로움보다는 익숙함을 추구하게 된다. 마치 그림 그리기에 자신감이 없어진 아이들처럼 어떤 정답을 정해놓고 이를 충족시키기 위해 노력한다. 그리고 아이들은 고정관념이라는 하나의 틀을 만들면서 점차 어른으로 성장해나간다.

우리 삶의 궤적을 살펴보자. 인간은 자유의지를 가지고 자신이 원하는 대로 살아가는 것처럼 보이지만, 실상 우리의 삶은 똑같은 일상이 반복될 뿐이다. 이는 비단 쳇바퀴를 도는 다람쥐나 어항 속에서 살아가는 열대어와 별반 다르지 않다. 동선을 파악해보면 집과 직장을 벗어나지 못하며, 주말이 되면 극장이나 대형마트가 더 추가될 뿐이다. 기계처럼 맞물려 돌아가는 삶 속에서 변화를 주기란 쉬운 일이 아니다. 인간에게 변화란 마주하기 싫은 두려움의 대상일 뿐이다. 변화에 따른 불확실성과 불안함을 극도로 꺼려한다. 하지만 주체적인 사람은 불안함을 견디고 변화를 숙명으로 받아들인다. 매일매일 변화의 기로에 서서 스스로 삶의 궤적을 만들어나간다.

아이는 살아가면서 무수히 많은 법칙을 배우고 어른이 되면 그 법칙들에 의해 자신을 옭아맨다. 그렇게 아이는 어른이 되어간다. 어른이 된다는 것은 수많은 규범을 받아들이고 이를 지켜나가는 것과 같다. 하지만 고정관념에 지배당하는 삶을 살수록 전체를 조망하는 힘과 안목은 사라지기 마련이다. 당연하고 익숙한 것이 가장 편하기 때문에 새로운 도전이나 시작을 기대하기도 어렵다. 나만의 틀을 벗어나 진정한 자아로 살아가려면 변화의 접점에 서서 끊임없이 새로운 도전을 해야 한다. 결국 변화와 두려움을 이겨내는 사람만이 행복한 인생을 살 수 있다.

정답은 하나라는 생각에서 벗어나라

원칙은 그저 그어놓은 선일 뿐이다. 넘을 수도 있고, 넘는다 해도 할 수 없다.
하지만 시간이 오래 지나면 그곳에 선이 있다는 것을 아이들은 알게 된다.

– 박경순 《엄마 교과서》

세찬 비가 내리는 오후, 학교 안은 하교 중인 아이들로 부산하다. 많은 아이들이 제 몸보다 더 큰 우산을 뒤집어쓴 채 낙숫물에 한참 '즐기다' 간다. 우산을 위아래로 흔들기도 하고, 돌려보기도 한다. 우산에 부딪히는 빗물 소리가 꽤 재미있고 신기한 모양이다. 비가 오면 걱정부터 하는 어른들과는 달리 흔한 빗물마저도 아이들에게는 새롭고 즐거운 경험인가 보다.

아이가 접하는 주변 사물은 새롭고 궁금한 것투성이다. 새로움을 볼 수 있는 날이 예리하게 살아 있기 때문에 빗방울이 떨어지는 평범한 현상조차도 아이에게는 질문의 대상이 된다. 《어떻게 질문해야 할까》의 저자 워런 버거(Warren Berger)에 따르면 아이(영국의 4세 여아 기준)들은 하루에 무려 390개의 질문을 한다고 한다. 거의 4분에 한 번 꼴로 질문을 하는 셈인데, 아이들이 많은 질문을 쏟아내는 것은 아직까지 대상을 인식하는 틀이 완성되지 않았기 때문이다. 하지만 나이를 먹어갈수록 질문의 수는 현저히 줄어든다. 새로운 것보다는 익숙한 것이 많아지고 궁금한 질문보다는 명쾌한 정답을 추구하게 된다. 생각하지도, 의심하지도 않고 고정된 틀로 세상을 해석하는데, 그것이 바로 고정관념의 시작이다.

고정관념은 자신의 의지와 상관없이 의식을 지배하고 행동에 영향을 끼친다. 색안경을 쓰고 세상을 바라보기에 볼 수 있는 색깔이 제한적이다. 게다가 좀처럼 깨지거나 변하지도 않기 때문에 신빙성 있는 증거가 있더라도 그것을 수긍하려 하지 않는다. 마치 확증 편향처럼 자기가 보고 싶은 것만 보고 자신에게 유리한 대로만 해석한다. 오로지 내가 믿는 것이 참이 될 뿐, 옳고 그름을 따지려 하지 않는다. 그들이 질문을 하지 않는 것은 너무나 당연한 일일지도 모른다.

"하늘색은 어떤 색일까요?"

아이들에게 종종 던지는 질문이다. 하늘색은 그 종류를 헤아릴 수 없을 만큼 다양한 색을 우리에게 보여준다. 동틀 무렵의 붉게 물든 하늘, 세찬 비가 내리는 어두컴컴한 하늘, 폭풍 전야의 고요한 하늘, 자연이 창조할 수 있는 하늘색은 무궁무진하다. 하지만 대부분의 아이들은 하늘색을 '옅은 파란색' 정도로만 생각한다.

언제부터 '하늘색'은 '옅은 파란색'이 돼버린 걸까? 다양한 하늘색 가운데 유독 '옅은 파란색'이 하늘색으로 고착화된 까닭은 무엇일까? 그것은 아이들이 색을 가장 많이 접하는 크레파스와 관련이 있다. 본디 '색'이란 경계가 나뉘어져 있는 것은 아니지만, 다루기 쉽고 편리하도록 각각의 색을 구분하고 이름을 붙여놓았다. '옅은 파란색'으로 보이는 크레파스에 붙은 이름표가 바로 '하늘색'이다. 아이들은 '하늘색' 이름표가 붙은 크레파스를 가지고 놀면서 '하늘색=옅은 파란색'이라는 생각을 굳히게 된다. 다양한 하늘의 모습을 보고 느껴보기도 전에 이미 '색'에 대한 고정관념이 형성되고 마는 것이다.

이런 아이들의 고정관념을 깨주기 위해 수업 시간에 여러 가지 활동을 한다. 그중에서도 의미 없는 모양을 그린 종이를 나눠주고 자유롭게 연결해서 그림을 그려보는 활동을 자주 하는데, 이 활동을 처음 하는 아이들은 시작부터 난관에 봉착한다. "가로로 그려야 하나요, 세로로 그려야 하나요?" 부모와 선생님이 시키는 것만 하다 보니 사소한 것도 스스로 결정하지 못한다. 어떤 형태도 상관없으며 심지어 대각선으로 그려도 괜찮다고 하니 아이들 얼굴이 한결 밝아진다.

하지만 막상 그리려고 하니 뭘 표현해야 할지 더욱 난감해진다. 사실 수업을 하다 보면 아이들은 무엇인가를 새롭게 생각하고 만드는 활동을 무척 어려워한다. 비단 이런 창조 활동을 어려워하는 것은 아이들에게만 국한된 것은 아니다. 많은 사람들은 새롭게 생각하고 상상하는 것에 두려움을 갖고 있다. 이제껏 생각하고 의문을 갖는 것보다는 정해진 답을 찾는 교육만 받아왔기 때문이다.

아이들이 완성한 그림은 학년별, 연령별로 조금씩 다르다. 저학년 아이들의 그림은 내용이 다양하고 풍성하다. 고정관념을 갖지 않고 마음껏 상상의 나래를 펼치기 때문이다. 하지만 고학년으로 올라갈수록 그림의 형태가 어느 정도 정형화된다. 학교에서 수년간 배워온 지식의 영향 때문인지 어디서 본 적이 있는 대상과 비슷하게 그린다. 고정관념은 새로운 시각으로 사물을 바라보기 힘들게 만든다. 고정관념은 다양한 생각의 기회를 차단시키며 더 이상 정보를 새롭게 해석할 필요가 없게 만든다. 생각을 하지 않으니 당연히 질문이 나올 리 없다.

우리가 배우는 많은 지식들이 때로는 창의적인 상상력을 발휘하는 데 걸림돌이 될 수 있다. 하지만 많은 지식들을 습득하고, 나이가 들었다고 해서 반드시 창의성이 줄어드는 것은 아니다. 세계적인 석학이나 예술가들을 보면 노년이 되어 큰 업적을 달성한 경우가 많다. 아인슈타인(Albert Einstein), 피카소(Pablo Ruiz Picasso) 등

이 대표적인데, 대부분의 사람들이 일방적인 명령과 지시 아래 생각 없는 삶을 살아갈 때, 그들은 끊임없이 변화를 추구하고 고정된 틀에 갇히지 않기 위해 노력했다. 세상을 바꿨던 역사 속 위인들은 고정관념에서 벗어나기 위해 늘 노력했다. 그들은 안주가 아닌 혁신을 통한 변화를 추구하기 위해 끊임없이 질문했다. 질문 없이는 결코 답을 얻을 수 없으며, 오직 질문을 하는 사람만이 성공을 위한 답을 얻을 수 있다는 사실을 잘 알고 있었다.

절실하게 질문하는 아이로 키워라

"박학이독지(博學而篤志)하고 절문이근사(切問而近思)면 인재기중의(人在其中矣)니라."
넓게 배워 뜻을 두텁게 세우고, 이를 간절히 묻고 생각하면 인(仁)은 그 가운데에 있다.

–《논어》

죽음은 인간에게서 일체의 존재 의미를 박탈해가는가?

역사는 인간에게 오는 것인가, 아니면 인간에 의해 오는 것인가?

우리는 과학적으로 증명된 것만을 진리로 받아들여야 하는가?

법에 복종되지 않는 행동도 이성적인 행동일 수 있을까?

뜬구름 잡듯 허황된 질문들이 아니다. 평생을 살면서도 잘 생각하지 않는 어려운 이 질문들은 '바칼로레아(Baccalauréat)'라고 불리는 프랑스 고등학생들의 대입자격시험 문제들이다. 우리나라로 치면 일종의 논술 시험인데, 50퍼센트 이상의 점수를 받으면 국공립

대학의 입학 자격이 주어진다. 이 시험은 200년이 넘는 긴 시간 동안 대학 입시의 관문 역할을 해왔다.

'바칼로레아' 시험문제는 정답만 외워서 풀 수 있는 단답형의 문제가 아니다. 우리나라의 시험처럼 많은 양을 암기하고 정답을 빨리 맞히는 방식으로는 이 시험문제를 풀어낼 수 없다. 그들은 왜 이런 방식의 시험을 추구하는 것일까? 단순히 정답을 빨리 찾아내는 방식으로는 현명한 인재를 길러낼 수 없음을 오래 전부터 알고 있었기 때문이다. 그들은 질문을 통해 자신의 생각을 정리하고, 이를 표현하는 것을 매우 중요하게 생각해왔다.

논어에 "박학이독지(博學而篤志)하고 절문이근사(切問而近思)면 인재기중의(人在其中矣)니라."라는 말이 있다. "넓게 배워 뜻을 두텁게 세우고, 이를 간절히 묻고 생각하면 인(仁)은 그 가운데에 있다."는 이 말은 학문을 배워 아는 것이 많을지라도 절실하게 묻고 실천하지 않으면 군자의 경지에 이를 수 없다는 뜻이다. 이처럼 동양에서도 서양 못지않게 질문과 생각하는 과정을 매우 중요하게 생각해왔다. 공자를 비롯한 동양의 많은 철학자들은 인간 세상에 관해 끊임없는 질문과 사유를 해왔다.

이처럼 동서양을 막론하고 질문을 중요하게 생각한 까닭은 무엇일까? 그것은 질문이 인류 문명과 역사를 발전시킬 수 있다고 생각했기 때문이다. 예컨대 과거 유목 생활을 하던 사람들은 물을 확보

하는 것을 가장 중요하게 여겼다. 생존을 위해서 어떻게 하면 물을 쉽게 구할 수 있을지 끊임없이 질문해야 했다. 이를 통해 사람들은 보다 더 쉽게 물을 확보할 수 있었다. 하지만 사람들은 또다시 질문을 던졌다.

'어떻게 하면 물을 더 자유롭게 이용할 수 있을까?'

사람들은 물을 찾아 떠도는 삶에 만족하지 않았다. 그들은 한곳에 정착하기를 원했다. 떠돌이 생활을 하던 유목 생활에서 정착 생활을 하는 농경사회로의 변화를 이끌어낸 것은 질문이었다. 인간은 열악한 현실을 개선하기 위해 끊임없이 질문을 해왔다.

"오늘 선생님께 어떤 질문을 했니?"

유대인 부모들이 아이가 학교에서 돌아오면 가장 먼저 하는 말이다. 하지만 우리나라의 부모들은 "오늘 공부 열심히 했니?", "오늘 시험 잘 봤니?" 같은 질문을 한다. 유대인 부모의 질문은 아이의 호기심을 자극하고 생각의 힘을 키운다. 하지만 우리나라 부모들의 질문은 아이가 잘했는지 못했는지, 현재 결과만을 확인하는 수준에 그친다. 현명한 엄마는 아이가 무엇을 했는지 질문하지 않는다. 그들은 아이를 위해 자신이 무엇을 할 수 있는지 고민하고 질문한다.

부모의 질문이 아이의 삶을 송두리째 변화시킬 수 있다. 현대 경영학의 아버지라 불리는 피터 드러커(Peter Ferdinand Drucker)는 14세가 되던 때, 성당의 신부님으로부터 질문을 하나 받았다.

"죽은 후에 어떤 사람으로 기억되길 원하니?"

그는 질문을 듣고 신선한 충격을 받았다. 신부님은 열네 살밖에 되지 않은 어린 소년에게 '인생을 어떻게 살아야 하는가?'에 대해 생각해보게 했다. 철없던 소년이 세계적인 대학자로 성장하는 데 가장 큰 영향을 준 것은 바로 신부님의 질문이었다. 피터 드러커의 사례는 부모들의 질문이 아이의 인생에 얼마나 중요한 영향을 미치는지를 다시 한 번 생각하게 만든다.

연구에 따르면, 질문을 통한 학습은 그렇지 않은 경우보다 최대 150퍼센트 이상의 학습 효과를 가져온다고 한다. 그 이유는 질문을 통한 학습은 내가 아는 것과 모르는 것을 확실하게 인지시키기 때문이다. 자신이 잘 모르는 것을 상대에게 설명하는 것은 결코 쉬운 일이 아니다. 상대와의 문답 과정을 통해서 자신이 아는 것은 더욱 심화할 수 있고, 모르는 것은 보충 학습을 할 수 있다. 아이는 질문을 통해서 자신의 무지를 깨우치는 진짜 공부를 할 수 있게 된다.

질문은 삶의 방향을 좌우한다. 세상을 살아가는 힘은 끊임없이 질문하고 생각하는 과정에서 나온다. 부모는 아이를 절실하게 질문하는 사람으로 키워야 한다. 아이의 질문에 바로바로 정답을 알려주는 것이 아니라 아이 스스로 답을 찾아나갈 수 있도록 도와주는 부모가 되어야 한다.

백만장자들의 성공 비결은 독서에 있다

이 세상의 모든 책이 그대에게 행복을 가져다주지는 않지만,
그곳에 그대가 필요로 하는 모든 것이 있다.

– 헤르만 헤세Hermann Hesse

'빌 게이츠(Bill Gates)도 길바닥에 떨어진 돈을 주울까?'

한때 항간에 자주 오르내리던 이야깃거리다. 사람들의 관심은 '빌 게이츠가 과연 돈을 주울까?'에 관한 것이 아니었다. 오히려 '돈을 줍는 것이 그의 재산 증가에 보탬이 되는가?'에 더 큰 관심을 가졌다. 호사가들에 따르면 100조에 가까운 재산을 가진 빌 게이츠는 초당 250달러(한화 약 28만 원)를 벌어들인다고 한다. 그가 돈을 줍기 위해 허리를 굽히는 몇 초 동안 1,000달러(한화 약 114만 원)가 넘는 돈이 사라지는 셈이다. 결국 돈을 줍지 않고 제 갈 길을 가는 것이 그의 재산 증가에 도움이 된다는 우스갯소리다. 하지만 마냥

웃고 넘기기에는 아까운 깊은 속뜻이 들어 있다.

빌 게이츠와 우리가 가진 시간은 동일하다. 부자라고 해서 더 많은 시간이 주어지는 것은 아니다. 시간은 누구에게나 공평하지만 그렇다고 해서 시간의 가치 또한 동등할까? 아니면 내가 가진 시간이 다른 사람의 것보다 더 우월할까? 여기서 우리는 빌 게이츠가 수십 년 동안 빼먹지 않고 지켜오는 습관에 주목할 필요가 있다.

바로 독서다. 그는 잠들기 전 30분가량을 반드시 독서하는 데 할애한다. 빌 게이츠뿐만이 아니다. 미국 경제전문지 〈포브스〉지에 오른 억만장자들 대다수가 자신들의 성공 요인으로 독서를 꼽는다. 독서는 성공한 사람들이 가진 공통적인 습관이다. 독서의 중요성에 대해서는 누구나 공감하면서도 대부분의 사람들은 거의 독서를 하지 않는다. '시간이 없어서', '할 일이 많고 바빠서' 등 그들의 핑계는 하나같이 비슷하다. 하지만 시간이 남아돌아서 독서를 하는 사람은 없다. 과연 우리는 빌 게이츠를 비롯한 억만장자들보다 더 바쁘고 치열한 하루를 보내고 있는지 반문해볼 일이다.

엄청난 부를 가지고 있고, 그래서 더 이상 독서를 하지 않아도 될 것 같은 사람들이지만, 그들은 책을 절대 손에서 놓지 않는다. 책 속에 도대체 무엇이 있기에 그들은 이렇게도 꾸준히 독서 습관을 유지하는 것일까. 그들이 책을 읽으면서 놓치는 시간의 가치는 얼마이며, 기회비용에 따르는 재산상의 손해는 얼마나 될까. 그들이 이렇게 책을 놓지 못하는 까닭은 이런 모든 손실을 상쇄하고도 남는 보물이 책 속에 담겨 있기 때문이다.

기업가는 시시각각 변하는 사회의 요구에 재빠르게 대응해야 한다. 이를 위해 기업가들은 사회변화의 흐름을 정확하게 읽고 그에 맞는 적절한 의사결정을 내릴 수 있는 통찰력을 가져야 한다. 예컨대 전 세계 카메라 필름의 양대 시장을 차지했던 후지(Fuji)와 코닥(Kodak)의 사례를 보면, 기업가의 통찰력이 기업의 생존에 얼마나 중요한지 쉽게 알 수 있다. 카메라 기술이 나날이 발전하면서 카메라 시장은 필름 대신 디지털카메라로 바뀌어갔다. 이에 후지는 발빠르게 대응하여 필름 대신 의료, 제약, 전자 등으로 사업을 다각화했다. 하지만 코닥은 많은 수익을 내고 있던 필름 사업을 고수했다. 당시 두 CEO의 의사결정은 오늘날 두 기업의 명암을 극명하게 갈라놓았다. 후지는 여전히 건재함을 과시하며 승승장구하고 있는 반면, 코닥은 지난 2012년에 파산하고 만 것이다. 두 기업의 사례는 기업가의 의사결정에 따라 기업의 흥망이 달라질 수 있음을 잘 보여준다. 책 속에는 예리한 판단 감각을 연마할 수 있는 숫돌이 담겨 있다. 그 보물은 바로 세상을 보는 통찰력이다.

책 읽기를 싫어하는 것은 생각하기 싫다는 말과 같다. 텔레비전을 켜고 컴퓨터를 하는 것은 생각 없이 손가락을 움직이기만 하면 된다. 하지만 책을 읽고 그 내용을 이해하기 위해서는 머릿속에서 복잡한 두뇌 활동을 거쳐야만 한다. 다시 말해 책을 읽는 것은 생각하는 힘을 키우는 것이고, 이는 통찰과 깨우침으로 이어진다. 그래서 일찍이 책의 중요성을 깨달은 폭정가들은 자신들의 생각과 이해관계에 맞지 않는 책을 불태울 만큼 책을 경계해왔다. 진시황의 분서갱유, 히틀러의 베를린 분서 사건 등 그들은 사상을 통제하고 선전하기 위해 책을 불사르는 행위도 서슴지 않았다. 책이 가진 무서움을 누구보다도 잘 알고 있었기 때문이다.

인류의 긴 역사 속에서 현대인만큼 원하는 책을 마음껏 볼 수 있는 경우는 없었다. 넘쳐나는 책 속에서 누구나 손쉽게 책을 읽을 수 있지만 예나 지금이나 책을 보는 사람들은 매우 적다. 커피를 마시고 옷을 사는 데에는 거리낌 없이 돈을 지불해도 책 한 권 사는 데에는 인색하다. 영화를 보고 컴퓨터 게임을 할 시간은 있지만 책 읽는 시간은 별로 없다. 독서는 단순한 취미나 여가생활이 아니다. 시간이 날 때 잠깐 보는 향유의 대상은 더더욱 아니다. 독서는 생존의 문제다. 내 아이의 미래가 독서에 달려 있다고 해도 과언이 아니다. 눈부시게 발전하는 기계문명 속에서 독서는 다른 아이와 차별화시킬 수 있는 가장 강력한 수단이 될 것이다. 지금이라도 내 아이가 독서 습관을 가질 수 있도록 부모 먼저 책 읽는 모범을 보여주자.

아이의 토론 능력은 밥상머리가 좌우한다

어른 말을 잘 듣는 아이는 없다.
하지만 어른이 하는 대로 따라하지 않는 아이도 없다.

– 제임스 볼드윈James Baldwin

더 이상 아이들이 수업의 엑스트라가 되어서는 안 된다. 교실의 주인공은 아이이며 질문과 토론이 활발하게 이루어지는 교실에서 참된 가르침과 배움도 기대할 수 있다. 질문과 토론을 통해 아이는 자신의 생각을 정리할 수 있으며, 창의적 사고는 물론 비판적 사고까지 향상시킬 수 있다. 침묵은 더 이상 금이 아니다. 나와 다른 상대의 관점을 파악하고 상대를 설득하는 것은 인생의 중요한 기술이다.

예로부터 질문과 토론의 중요성을 깨닫고 이를 가정교육에서부터 몸소 실천한 사람들이 있다. 대표적인 가문이 세계 최고의 명문가로 잘 알려진 '케네디가(The Kennedys)'다. 그들은 '질문과 토론'이 가정교육의 전부일 정도로 이를 매우 중요하게 생각했다. 식사시간 동안 신문 기사나 책을 활용해 서로 대화했으며, 심지어 식사시간이 2시간을 넘길 만큼 열띤 토론이 벌어지는 경우도 많았다. 신문 기사를 읽지 않고서는 식탁에 앉아 대화를 나눌 수조차 없었으며, 토론에 참여하기 위해서는 질문을 통해 기사에 관한 자신의 입장을 정리해야 했다. 이러한 과정을 통해 '케네디가' 아이들은 상대의 의견을 경청하고 자신의 의견을 표현하는 토론 능력을 자연스럽게 체득할 수 있었다. 이는 훗날 케네디가 닉슨과의 대통령 후보 토론에서 압도적인 승리를 할 수 있었던 원동력이 되었다.

예로부터 우리 조상들은 '케네디가'처럼 식사시간을 활용하여 의미 있는 가정교육을 해왔다. 그것은 바로 오늘날 그 가치가 새롭게 부상하고 있는 '밥상머리' 교육이다. 그들은 밥상머리를 통해 형성된 습관이 아이의 인생을 좌우한다고 생각했다. 그래서 식사시간은 단순히 밥을 먹는 시간이 아니라 온 가족이 한데 모여 서로 대화하고 사랑을 확인하는 소통의 시간이었다. 상대를 설득하고 제압하는 토론이 아니라, 상대의 의견을 경청하고 감정을 공감하는 진정한 의미의 토론 교육이 이루어졌다.

실제 '케네디가'의 가정교육, 우리나라의 밥상머리 교육과 같이 식사시간의 중요성은 이미 많은 연구 결과를 통해 그 효과가 입증

되었다. 예컨대 하버드대학 캐서린 스노(Catherine Snow) 박사의 '언어습득능력 연구'에 따르면, 아이(대상 3세 아이)들은 책을 통해 습득한 단어보다 식사시간을 통해 배운 단어가 7배 이상 많았다. 또한 가족과 함께하는 식사 횟수가 많은 아이일수록 초등학교 진학 후 학업성적도 높았다. 일본에서 조사한 2009년 전국 학력평가 자료에서도 가족과 함께 식사하는 비율이 높은 지역(아키타 현)의 초등학생들이 성적은 물론, 문제 해결 능력까지 월등히 높았음이 입증되었다.

이처럼 식사시간을 활용한 질문과 토론 교육은 자녀의 바른 인성과 우수한 성적을 형성하는 데 중요한 역할을 한다. 이제부터 엄마는 조상들의 밥상머리 교육과 '케네디가'의 교육을 모범으로 삼아 아이들이 질문을 품고 토론 능력을 키워갈 수 있도록 도와주어야 한다. 바쁜 현대인의 삶 속에서 가족이 한데 모이는 것이 쉬운 일은 아니므로 일주일에 1~2회 정도는 온 가족이 함께 모여 식사할 수 있는 날로 정하는 것이 좋다. 식사를 하는 동안에도 텔레비전을 보고 웃고 떠들면서 무의미하게 시간을 보내기보다는 그날그날 중요한 화제를 정해서 서로 대화하고 토론하기 위해 노력해야 한다. 지금 나누는 대화 한마디 한마디가 아이의 질문과 토론 능력 향상에 영향을 준다는 것을 명심해야 한다.

발도르프학교의 비밀

위대한 생각을 길러라.
우리는 어떤 일이 있어도 생각보다 높은 곳으로 오르지 못한다.

– 벤저민 디즈레일리Benjamin Disraeli

초등학교의 하루 일과는 스마트폰을 걷는 것부터 시작한다. 고가의 전자기기다 보니 보관하는 것이 쉬운 일이 아니다. 분실을 대비해 잠금장치가 마련된 보관함에 넣어두고, 교실이 빌 경우는 교실 문도 걸어 잠그는 등 철통보안을 유지해야 한다. 스마트폰을 한시도 손에서 놓지 못하는 초등학생들에게 있어 학교는 스마트폰과 잠시 이별할 수 있는 공간이다.

실리콘벨리의 사립학교인 발도르프초등학교, 이곳은 한 해 등록금이 2,000만 원이 넘을 만큼 교육 수준이 매우 높다. 부모의 직업은 대부분 애플(Apple), 구글(Google), 이베이(Ebay), 야후(Yahoo)

등 내로라하는 세계적인 IT기업의 임원이나 연구원이다. 실리콘밸리(Silicon Valley) 한복판에서 전 세계 정보통신기술의 흐름을 진두지휘하는 그들이지만 정작 자신의 자녀에게는 스마트폰과 같은 전자기기를 사주지 않는다. 새로운 스마트폰이 나올 때마다 이를 손에 쥐어주는 우리나라의 부모들과는 사뭇 다른 광경이다. 심지어 학교 안에는 컴퓨터 같은 흔한 디지털 기기조차도 찾아보기 힘들다. 그들이 스마트폰이나 컴퓨터와 같은 전자기기를 금기시하는 것은 그것이 아이들에게 미치는 해악에 대해서 너무나 잘 알고 있기 때문이다.

인간과 동물을 구분 짓는 가장 큰 차이는 이성에 있다. 동물은 옳고 그름을 판단하고 충동을 조절할 수 있는 능력이 없다. 이성이 아닌 철저히 본능에 따른 삶을 살아갈 뿐이다. 하지만 인간은 자신의 욕구를 통제하며 매 시간 생각하고 판단하게 되는데, 이를 가능케 하는 기관이 대뇌피질의 전두엽이라는 곳이다. 책을 읽거나 공부를 할 경우에는 문자를 이해하고 설명하기 위해 전두엽의 활동이 활발해진다. 하지만 전자기기를 만지는 동안에는 전두엽이 활성화되지 않는다. 전두엽까지 정보가 충분히 전달되지 못한 채 후두엽에서 바로 감각기관으로 신호를 보내는 것이다. 전자기기로부터 나오는 자극적인 영상은 아이가 생각할 시간을 주지 않는다. 스마트폰을 비롯한 각종 전자기기는 생각과 질문이 불가능한 아이로 성장하게 한다.

전자기기에 장시간 노출된 아이는 평범한 일상생활에 흥미를 느끼지 못하는 부적응아가 되기 쉽다. 팝콘이 터질 때 나는 소리처럼 강렬하고 즉각적인 자극에만 반응할 뿐, 더 이상 생각을 하지 않는 '팝콘 브레인(Popcorn Brain)'이 되고 만다. 게다가 사소한 말다툼에도 감정을 통제하지 못하고 폭력을 행사하는 공격적인 아이로 변하게 한다. 감정을 조절하고 충동을 통제하는 전두엽이 손상되어 제 역할을 하지 못하기 때문이다. 최근 우후죽순 일어나는 학교폭력 사건은 이러한 전자기기의 과도한 사용과 무관하지 않다.

초등학생 시기 아이의 지능은 완성이 된 상태가 아니라 계속해서 발달해가는 과도기 단계다. 이 시기에는 다양한 감각을 쓸 수 있는 활동을 하는 것이 좋다. 다양한 자극이 확보되어야 신경회로가 정교하게 연결되면서 지능이 향상될 수 있기 때문이다. 하지만 과도한 전자기기의 사용은 시청각의 한정된 자극에만 집중하게 한다. 이는 당연히 아이의 지능 발달에도 도움이 되지 않는다. 아이의 지능을 높이려면 전자기기 대신 실재의 구체물을 통해 오감을 골고루 사용해야 한다.

이미 상당수의 부모들은 전자기기가 자녀의 성장에 좋지 않다는 점을 알고 있다. 전자기기를 버림으로써 얻는 긍정적인 효과에 대해서도 잘 알고 있다. 그럼에도 불구하고 이 문제를 해결하는 것은 결코 쉬운 일이 아니다. 부모 혼자만의 문제가 아니라 아이와 함께 해결해야만 하는 숙제이기 때문이다. 친구들과의 관계에서 내 아이만 뒤처지면 어쩌지 하는 불안함에 스마트폰을 손에 쥐어줬지만, 그로 인해 부모들은 더욱더 불안해하고 있다. 전자기기를 사용할 때 얻는 것과 잃는 것이 무엇인지 생각해보자. 그리고 전자기기를 아예 없앨 수 없다면 사용 횟수와 시간을 줄여나가 보자. 발도르프 학교의 부모들은 이미 오래 전부터 하고 있는 일이다.

책에서 배우는 지식이 전부가 아니다

독서는 단지 지식의 재료를 공급하는 것뿐이다.
그것을 자기의 것으로 만드는 것은 사색의 힘이다.

– 존 로크John Locke

'가슴으로 시작해서 머리로 완성하라.'

가수 박진영이 즐겨 쓰는 말이다. 어릴 적 아버지께서 즐겨 하시던 취미생활을 떠올리면서 이 말에 공감했다. 아버지께서는 분재 기르는 것을 좋아하셨다. 하루 일과가 끝나면 산을 오르내리며 좋은 분재를 찾으러 다닐 만큼 열성적이었다. 집 마당에는 이름도 모르는 분재들이 가득 있었고, 이를 구경하기 위해 많은 사람들이 모여들었다.

수십 년 동안 분재를 가꾸어온 아버지는 분명 분재의 전문가라고 할 만했다. 하지만 무엇인가 2퍼센트가 부족한 느낌을 지울 수가 없었다. 그것은 체계적인 지식과 데이터를 정리하지 않고 오로지 당신의 주관적인 '감'에 의존하여 작품을 만들었기 때문이다. 가끔 텔레비전을 보면 다양한 재능을 가진 숨겨진 전문가들이 많이 나오는데, 그들도 아버지와 상황이 비슷하다. 밀가루 반죽을 손으로 떼어 정확히 10g을 만드는 요리사, 커다란 타이어를 마치 작은 공을 다루듯 굴리는 타이어 수리공, 집는 족족 100만 원이 손에 잡히는 은행원, 그들은 수십 년 간의 경험을 통해 얻은 감으로 자신의 분야에서 전문가가 되었다. 하지만 아무리 한 분야의 최고 전문가라고 하더라도 체계적인 데이터가 정리되어 있지 않으면 이를 다른 사람에게 물려주는 것이 결코 쉽지 않다.

글이나 말로 나타내기 힘든 개인의 경험과 깨달음을 통해 나오는 지식을 '암묵지(Explicit Knowledge)'라고 한다. 대부분 '달인'과 같이 한 분야에서 오랜 시간 기능을 숙달해온 전문가로부터 우러나오는 지식들이라고 볼 수 있다. 그들이 가진 지식은 책 속의 글을 통해 얻은 것이 아니라 수많은 경험과 시행착오 끝에 터득하게 된 것들이다. 암묵지는 개인의 경험적 지식이기 때문에 밖으로 드러나지 않는다. 대개 말이나 글로도 표현이 잘 되지 않기 때문에 체계적으로 전수되기가 매우 어렵다.

반면에 암묵지와는 달리 수많은 전문가들의 경험과 노하우가 문서로 정립되어 있는 지식도 있다. 이러한 지식은 일정한 형태를 갖추어 명확하게 서술되어 있기 때문에 많은 사람들이 체계적으로 배울 수 있다. 아이가 학교에서 배우는 교과서가 이와 같은 형태의 지식이라고 볼 수 있다. 이처럼 수많은 개인들의 경험이 여러 사람들이 함께 공유하고 전승할 수 있도록 형상화되어 있는 지식을 '형식지(Tacit Knowledge)'라고 한다.

현재 아이들이 배우는 지식은 암묵지보다는 형식지에 집중되어 있다. 하지만 아이들이 교과서와 같은 형식지에만 갇히게 해서는 안 된다. 형식지뿐만 아니라 경험과 시행착오를 통해 얻은 자신만의 '암묵지'를 만드는 것도 필요하다. 학교교육에 있어서도 암묵지를 지닌 다양한 전문가들이 등장하여 그들이 가진 노하우와 삶의 태도나 방식을 아이들에게 전해줄 필요가 있다. 지금 아이들에게 필요한 것은 형식지와 암묵지를 골고루 배울 수 있도록 하는 것이다.

생각을 키우려면 잠을 재워라

내 활력의 근원은 낮잠이다.
낮잠을 자지 않는 사람은 무엇인가 부자연스러운 삶을 살고 있는 것이다.

– 윈스턴 처칠Winston Churchill

인간의 뇌는 잠을 자는 동안에도 결코 쉬는 법이 없다. 의식이 깨어 있는 낮 동안에 뇌가 가장 활발하게 활동할 것이라 생각하지만, 실제 우리의 뇌는 잠을 자는 밤에도 매우 활발하게 활동한다. 우리가 잠을 자는 동안 뇌는 신체의 에너지 소모를 최소화하고, 낮에 외부로부터 받아들인 수많은 정보 중 버려야 할 정보와 기억해야 할 정보를 정리하는 작업을 한다. 이러한 과정이 있기 때문에 우리의 뇌는 과부하가 걸리지 않고 정신·육체적으로 건강하게 살아갈 수 있다.

흔히 잠은 자신의 의지와 노력으로 줄일 수 있다고 여기는 사람들이 많다. 하지만 잠은 의지나 노력으로 줄일 수 있는 성질의 것이 아니다. 몸이 필요로 하는 수면의 양은 이미 정해져 있다. 우리의 뇌는 잠이 부족하면 그 시간을 채우기 위해 끊임없이 발버둥 친다. 간밤에 잠을 충분히 자지 못한 경우, 온종일 꾸벅꾸벅 졸았던 경험을 누구나 한 번 쯤은 가지고 있을 것이다. 비록 눈은 떠 있을지 몰라도 뇌 안에 들어온 정보가 정리되지 않아서 충분히 뇌가 활동하지 못하는 것이다.

미국 수면 재단(National Sleep Foundation)은 초등학생들의 수면 시간을 9~11시간으로 권장하고 있다. 하지만 요즘 많은 아이들이 만성적인 수면 부족 상태에 있다. 학업 성적을 높이기 위한 방법을 수면 시간의 단축에서 찾기 때문이다. 수면 시간을 줄이면 단기간에 학습 효과가 올라가는 것처럼 보이지만 장기적으로 봤을 때에는 큰 도움이 되지 않음을 알아야 한다. 실제 영국 셰필드대학(The University of Sheffield)의 연구 결과에 따르면 잠을 충분히 자는 것이 기억과 학습 효과를 높여준다고 한다.

연구팀은 생후 6~12개월 된 216명의 아이들에게 4시간에 걸쳐 인형을 갖고 노는 3가지 방법을 가르쳤다. 그리고 2개의 그룹으로 나누어 한쪽은 30분가량 낮잠을 재우고 나머지 그룹의 아이들은 낮잠을 재우지 않았다. 다음 날 아이들이 얼마나 놀이를 기억하고 있는지 확인한 결과, 낮잠을 잤던 아이들은 평균 1.5개의 놀이를 기억해냈다. 하지만 낮잠을 자지 않은 아이들은 하나도 기억해내지 못했다. 이는 수면 활동이 학습 능력 향상에 큰 영향을 끼치고 있음을 보여준다. 수면 시간이 충분하지 않으면 아이가 효율적인 학습을 할 수 없음은 물론 정서적인 문제, 성장 발달 및 건강에까지 나쁜 영향을 야기할 수 있음을 알아야 한다.

아이마다 필요한 수면의 양이 다르고 그 패턴도 다르다. 평소 내 아이의 수면이 어떤 스타일인지 알아보고 그에 적합한 수면 습관을 길러줄 필요가 있다. 낮에 깨어 있는 동안 꾸벅꾸벅 졸고 있는 모습이 자주 보인다면 이는 수면 시간이 부족하다는 것을 의미한다. 아이가 밤에 숙면을 취하는지, 악몽을 꾸는 것은 아닌지 항상 주의 깊게 관찰하자. 잠을 충분히 잔 아이는 기분이 상쾌한 상태로 하루를 시작할 수 있다. 충분한 수면을 통해 아이가 건강한 생활을 할 수 있도록 하자.

마음 한 뼘을 넓히는 여행을 떠나라

세계는 한 권의 책이며,
여행하지 않는 자는 단지 책의 한 페이지만 읽는 것과 같다.

– 아우구스티누스Aurelius Augustinus

인간의 삶은 유한하다. 하고 싶은 것은 많지만, 현실에서 할 수 있는 것은 한정되어 있다. 그래서 사람들은 자신이 직접 해보지 못한 일에 대한 간접적인 경험을 얻기 위해 책을 읽는다. 책 속에는 수천 년 동안 선지자들이 깨달은 수많은 경험의 유산들이 빼곡하게 들어 있다. 하지만 책보다도 더 중요한 것은 바로 경험이다. 엄밀히 말해 책 속에 들어있는 내용은 독자의 것이 아니다. 그것은 책을 쓴 저자들의 소유물일 뿐이다. 물론 책을 통해 그들의 지식과 경험을 보고 배우는 것은 의미 있는 일이다. 하지만 그것보다 훨씬 더 가치 있는 것은 내가 직접 경험하고 느껴보는 것이다. 자신이 직접 경험을 통해 얻은 것이라야 진짜 나의 것이라고 말할 수 있다. 인간은 다양한 경험을 통해서만 자신만의 진짜 세계를 넓혀갈 수 있다.

이는 초등학생 아이의 인생에 있어서도 마찬가지다. 아이가 성장하기 위해서는 폭넓은 경험이 필요하다. 성공과 실패, 도전과 포기, 아이는 다양한 경험을 할 필요가 있다. 하지만 현실은 전혀 그렇지 못하다. 많은 아이들이 다양한 경험은커녕 집과 학교, 학원만을 왕복하는 삶을 살아가고 있다. 아무런 변화가 없는 일상의 테두리 안에서는 새로운 생각을 키울 수 없다. 풍부한 경험을 가진 아이가 깨어 있는 생각을 할 수 있고, 자신만의 인생을 개척해나갈 수 있다.

아이는 부모가 어떤 경험을 시켜주느냐에 따라 전혀 다른 방향으로 성장한다. 변호사를 둔 부모 밑에서 자란 아이는 법관으로 자랄 가능성이 높고, 의사를 둔 부모 밑에서 자란 아이는 의료인으로 성장할 가능성이 높다. 아이의 미래는 현재 어떤 경험을 하고 있느냐에 따라 달라질 수 있다는 의미다. 아이가 보는 세상의 크기는 부모가 제공하는 경험의 양에 비례할 수밖에 없으며 이는 아이의 인생에 절대적인 영향을 끼친다.

아이에게 다양한 경험을 제공해주기 위해서는 함께 여행을 떠나는 것이 좋다. 평소에는 힘들더라도 주말이나 방학의 여유로운 시간을 이용해서 아이가 폭넓은 체험을 할 수 있도록 해주는 것이다.

여행을 통해 배우는 다양한 경험들은 아이가 가진 그릇의 크기를 넓혀준다. 이는 한국인 최초 유엔사무총장이 된 반기문의 일화에서도 쉽게 찾아 볼 수 있다. 그는 고등학생 시절 미국 워싱턴에서 케네디 대통령을 만난 후 외교관의 꿈을 키우게 된다. 그가 여행을 통해 케네디 대통령을 만나지 않았더라면 결코 유엔사무총장이라는 큰 인물이 될 수 없었을 것이다. 이렇듯 여행은 한 인간의 인생에 커다란 반환점이 되어 줄 만큼 의미 있고 값진 경험을 제공한다.

여행을 한다고 해서 수박 겉 핥기식의 여행을 해서는 안 된다. 흔히 많은 사람들은 질적인 여행보다는 양적인 여행에 치중하는 경우가 많다. 평소에 자주 못 가보는 곳이라서, 한번 갔을 때 최대한 많은 곳을 둘러보기를 원하는 것이다. 하지만 한 곳을 들르더라도 깊이 있게 보고 느끼는 것이 중요하다. 많은 장소를 단순히 카메라에 담는 것보다 한 가지 장면이라도 마음속에 깊이 담아 가는 것이 더 가치 있는 일이다.

적어도 아이와 함께 떠나는 여행이라면 구체적으로 계획을 짜서 떠나는 것이 좋다. 그 지역의 문화나 풍습, 특산물 등은 무엇이 있는지 정보를 수집하고, 아이와 함께 어떤 경험을 할 것인지 미리 정해보는 것이다. 여행을 떠나기 전 미리 마음속으로 가상의 여행을 떠나보는 것도 좋다. 아이와 함께 여행하는 동안 필요한 것, 해야 할 것, 어려움 들을 미리 상상해보는 것이다.

흔히 여행을 떠올리면 좋은 장소에서 멋진 포즈로 찍힌 사진을 보며 낭만적인 것만을 생각할지도 모른다. 하지만 '집 나가면 개고생이다'는 말이 있듯이 집을 떠나 생활하는 것은 무척 고달프고 힘들다. 매 끼니마다 먹을 것을 걱정해야 하고, 잠 잘 곳을 해결해야 한다. 집에서는 아주 간편하게 할 수 있는 일도 집 밖에서는 하나하나가 다 어렵고 힘들다. 이처럼 여행은 불편하고 고생스럽다. 하지만 그것은 즐겁고 행복한 고생이다. 여행을 통해 아이와의 잊지 못할 추억을 만들어나가자. 우리 아이가 넓고 큰 기개를 가진 사람으로 자랄 수 있도록 마음을 한 뼘 넓히는 여행을 떠나자.

5

아이는 배우면서 성장한다

아이에게 있어 모든 놀이는 미래에 대한 준비다. 놀이에 어떻게 다가가는지,
무엇을 선택하는지 다양하게 드러나는 놀이에 대한 태도는
그의 삶 전반에 대한 태도라고 해도 좋을 것이다.
그러므로 놀이는 성인이 의도한 학습보다 아이의 정신 발달에 더 중요하다.

– 알프레드 아들러Alfred Adler 《항상 나를 가로막는 나에게》

놀이가 곧 배움이다

아이에게 있어 모든 놀이는 미래에 대한 준비다. 놀이에 어떻게 다가가는지,
무엇을 선택하는지 다양하게 드러나는 놀이에 대한 태도는
그의 삶 전반에 대한 태도라고 해도 좋을 것이다.
그러므로 놀이는 성인이 의도한 학습보다 아이의 정신 발달에 더 중요하다.

– 알프레드 아들러Alfred Adler《항상 나를 가로막는 나에게》

아이들은 뛰는 게 즐거운가 보다. 건물 밖으로 나오자마자 힘차게 뛰어간다. 뛰는 데 목적 같은 것은 없다. 건강을 위해 뛰는 것도 아니고, 체력을 단련하기 위해 뛰는 것도 아니다. 단지 그 순간에 가장 즐겁고 행복하기 때문이다. 그래서 아이들에게는 단순한 '뛰는 행동'조차도 즐거운 놀이가 된다.

어른들의 놀이와 달리 아이들이 하는 놀이는 아주 단순하고 간단하다. 복잡한 규칙이나 거추장스러운 준비 과정이 필요하지 않다. 오로지 나와 함께할 친구만 있으면 된다. 친구와 함께 즐거운 시간을 보낼 수 있다면 그 무엇이라도 놀이가 될 수 있다. 예컨대

아이들은 어떤 사물을 보면 직관적으로 그것을 가지고 놀 수 있는 아이디어를 찾아낸다. 혼자가 아닌 친구와 함께 놀이 방법에 관해 대화를 나눠가며 더 나은 방법을 고민하고 찾아낸다. 이처럼 놀이에는 자신의 경험을 서로 공유하고 이를 통해 배움과 깨달음을 얻는 학습 과정이 들어 있다. 의도적인 배움을 강요하는 것이 아니라 아이들이 전체 학습 과정을 주도적으로 이끌어나가는 진정한 배움이 있다.

초등학교 시기의 아이들에게 있어서 가장 필요한 것은 친구들과의 놀이다. 아이들은 놀이를 통해서 인생의 의미를 배운다. 놀이 속에는 사회와 마찬가지로 승자와 패자가 필연적으로 생긴다. 하지만 다른 점이 있다면 놀이에는 영원한 승자도, 패자도 없다는 점이다. 놀이에서 지더라도 우리가 익히 알고 있는 패자의 모습이 아니며, 이겼더라도 교만에 가득 찬 모습이 아니다. 어른들의 세계에서 패자는 더 이상 회복할 수도, 일어설 수 없는 지경의 처참한 모습이지만, 아이들의 놀이 세계에서는 언제든지 다시 시작할 수 있는 기회가 보장된다. 그들은 놀이를 통해서 승자와 패자가 되는 과정을 수없이 반복하며 고난과 시련을 극복할 수 있는 내공을 쌓는다. 놀이는 공부할 시간을 앗아가는 시간 낭비가 아니라 삶에 대해서 미리 배우고 익힐 수 있는 인생의 축소판이라고 할 수 있다.

놀이는 가정이나 학교에서 실시하는 인성 교육의 부족한 점을 보완해주기도 한다. 놀이에서 상대는 경쟁의 대상이자 협동의 대상이다. 서로 편을 가르고 경쟁할 때도 있지만 같은 편이 되어 협동을 해야 할 때도 있다. 요즘 어른들이 보여주는 편 가르기하고는 근본적으로 다르다. 이러한 놀이 과정을 통해서 상대를 배려하는 마음과 관용, 협동심과 인내심, 인간관계 등 수많은 인성 덕목들을 배우게 된다. 더욱 놀라운 사실은 이러한 인성 교육의 덕목들이 아이들의 몸속에 그대로 체화된다는 것이다. 단순히 '친구를 괴롭히지 마세요.'와 같은 피상적인 교육이 아니라 친구와 서로 부대끼며 끈끈한 유대감을 쌓음으로써 저절로 인성 교육이 이루어지는 것이다.

인간이 숨을 쉬지 않고 살아갈 수 없듯이 아이들은 놀지 않고 살아갈 수 없다. 예전에는 방과 후에 친구들과 나뒹굴며 마음껏 노는 아이들의 모습을 보는 것이 일상다반사였다. 하지만 요즘에는 그 모습마저 보기 힘들다. 아이들은 문밖을 나옴과 동시에 뿔뿔이 흩어지기 바쁘다. 그들에게 친구와의 놀이는 사치나 다름없다.

학교를 마치고 아이들이 도착하는 곳은 학원이다. 학교에서 온종일 했던 공부가 장소만 바뀐 채 다시 시작된다. 학원에 모인 아이들에게 유대감이나 소속감을 기대하는 것은 힘든 일이다. 그곳에서 만나는 친구들은 교실에서 평소 알고 지내던 아이들이 아니다. 그래서 참을성 있게 친구를 사귀거나 굳이 친하게 지낼 생각을 하지 않는다. 곁에 있는 친구가 마음에 안 들면 언제든지 '다른 친구를 만나면 된다.'라고 생각한다. 마치 컴퓨터가 먹통이 되면 리셋(reset) 버튼을 눌러 재부팅하는 것처럼, 인간관계도 리셋시킬 수 있다고 착각한다. 그들에게 있어 친구란 인스턴트식품처럼 언제든지 쉽게 사고, 먹고, 버릴 수 있는 가벼운 존재일 뿐이다.

아이들이 가장 행복한 때는 친구와 함께 놀이를 하며 현재의 시간을 즐겁게 보낼 때다. 하지만 오늘날 아이들의 놀이 대상은 스마트폰과 텔레비전, 컴퓨터밖에 없다. 아이들은 친구 대신 컴퓨터 화면과 스마트폰 액정, 텔레비전을 보며 즐거워한다. 정작 자신들이 마주하고 있는 것은 현실 세계의 친구가 아닌 허상 속에 있는 이진법의 반영뿐이다.

많은 부모들이 아이의 성적을 높이기 위해 노력하지만, 아이들의 성공은 지능이나 능력보다 사회성에 있다는 것이 속속들이 밝혀지고 있다. 실제 미국 내 백만장자들의 성공 요인을 분석한《부자들의 선택》을 보면 높은 지능지수나 탁월한 지성보다는 사람들과 잘 어울릴 수 있는 사회성이 성공을 가늠한다고 한다. 아이의 성공을 위해서는 공부만 강요할 것이 아니라 놀이를 통한 바른 인간관계와 사회성을 배울 수 있도록 해야 한다. 이제라도 아이들이 친구와 함께 마음껏 놀 수 있는 시간을 찾아주어야 한다. 아이는 공부를 하기 위해 이 세상에 나온 것이 아니다. 스마트폰을 손에 쥐어줄 것이 아니라 친구의 따뜻한 손을 잡을 수 있도록 해주자.

몰입하는 아이가 공부도 잘한다

천재는 보통 사람과 다를 게 없다. 다만 몰입함으로써 자신에게 숨어 있는 재능을 인지하는 보통 사람일 뿐이다. 몰입하고 또 몰입하면 어떤 문제도 풀리기 마련이고, 그런 과정을 되풀이함으로써 자신도 모르게 천재가 되는 것이다.

– 윈 웽거Win Wenger & 앤더스 에릭슨Anders Ericsson

유튜브나 페이스북에 올라온 동영상을 보면 극한의 상황을 즐기는 사람들을 쉽게 접할 수 있다. 높은 절벽 사이를 줄로 연결해서 건너가는 사람들, 길도 없는 낭떠러지를 자전거를 타고 오르내리는 사람들, 수천 미터 상공의 하늘에서 스카이다이빙을 하는 사람들의 공통점은 극한의 상황에 도전하고 이를 즐긴다는 것이다.

이렇게 극한의 상황을 즐기려는 욕구는 일부 사람들에게 국한된 것만은 아니다. 우리 주변에서도 쉽게 찾을 수 있는데, 대표적인 것이 놀이공원의 롤러코스터나 바이킹 등의 아찔한 놀이기구를 타고 즐기는 사람들이다. 그들이 비싼 대가를 지불하면서까지 놀이기구를 타는 까닭은 아슬아슬한 상황을 통해서 짜릿한 희열과 쾌감을 얻을 수 있기 때문이다. 위와 같이 위험한 상황에 도전하고 이를 즐기는 사람들의 공통점은 몰입이 주는 즐거움을 알고 있다는 점이다.

몰입이라는 말을 처음 사용한 긍정심리학의 대가 미하이 칙센트미하이(Mihaly Csikszentmihalyi) 박사는 몰입을 위한 구체적인 방법을 다음과 같이 설명한다.

"몰입이란 고도의 집중력을 유지하며 과제를 즐겁게 수행하는 상태다."

이를 위해서는 '명확한 목표와 적절한 수준의 난이도, 결과에 대한 빠른 피드백'이라는 조건이 뒷받침되어야 한다.

일상생활 속에서 겪었던 몰입의 공통점은 위에서 제시한 세 가지 조건이 모두 들어 있다. 자신이 의도한 것은 아닐지라도 명확한 목표와 적절한 수준의 난이도, 빠른 피드백이 들어 있다. 공부보다는 게임을 할 때 더 쉽게 몰입할 수 있는 까닭도 마찬가지다. 게임에는 캐릭터를 키우거나 레벨을 올리고자 하는 목표가 있으며 스스로의 힘으로 성취할 수 있을 정도의 적절한 수준의 난이도가 제시된다. 게다가 매 상황마다 즉각적인 피드백이 주어지기 때문에 사람들은 쉽고 빠르게 게임에 몰입할 수 있다.

몰입은 최소한의 노력으로 최대의 결과를 만들어내는 기적과 같다. 몰입을 활용하기 위한 구체적인 방법을 알고 있으면 공부의 능률을 올리는 데 큰 도움이 된다. 아이가 공부에 몰입하기 위해서는 먼저 현재 수준을 제대로 파악해야 한다. 둘째로 아이에게 맞는 적정한 수준의 목표와 난이도가 있는 학습 과제가 제시되어야 한다. 그리고 마지막으로 학습 과정과 결과에 대한 빠른 피드백이 주어져야 한다. 이러한 연습이 충분히 된 아이는 공부는 물론 다양한 일에 빠르게 몰입할 수 있고 다른 사람보다 높은 성취를 이뤄낼 수 있다.

인류의 역사를 살펴보면 아이작 뉴턴이나 아인슈타인과 같이 몰입을 통해 문명사의 한 획을 그은 인물이 많다. 그들은 자나 깨나 한 가지 생각에 사로잡혀 그것을 해결하기 위해 노력했다. 자신의 분야에 몰입을 능수능란하게 활용할 수 있었기 때문에 위대한 업적을 남길 수 있었다. 이처럼 인간은 오랜 역사 속에서 몰입의 과정을 통해 성장과 발전을 해왔다고 해도 과언이 아니다. 내 아이도 역사의 한 획을 그을 수 있는 인물이 되지 못하라는 법은 없다. 이를 위해서는 자유자재로 몰입하는 방법을 아는 아이로 키워야 한다.

협력하는 아이가 크게 성공한다

한곳에 모이는 것은 시작이고, 같이 머무는 것은 진전이고,
같이 일하는 것은 성공이다.

– 헨리 포드Henry Ford

벨연구소(Bell Laboratories)는 전 세계에서 가장 혁신적인 민간 연구개발기관 중 하나다. 1925년 설립된 이래, 이곳에서 배출한 노벨상 수상자만 13명, 보유한 특허 수도 3만 3천 개가 훌쩍 넘는다. 이름만 들어도 알 수 있는 트랜지스터(transistor)와 이동전화 기술, 위성통신 기술, 광케이블, 디지털카메라 기술 등 오늘날 발명된 문명의 이기들 중 상당수가 이곳에서 탄생되었다. 벨연구소가 이렇게 탁월한 성과를 낼 수 있었던 데에는 협력을 최고로 생각하는 기업문화가 있었기 때문이다.

그들은 서로 다른 분야에서 일하던 기술자(engineer)와 과학자

(scientist)를 구별하지 않았다. 하나의 팀으로 묶어 언제든지 소통하고 협력할 수 있도록 했다. 그들은 각 분야의 최고 전문가들이었지만 결코 자신들의 주장만을 고집하지 않았다. 서로 다른 분야에서 일하는 것을 배려하고 존중했다. 연구실은 언제나 개방되어 있었고, 연구 성과는 연구원 모두가 서로 공유했다. 심지어 특허권마저도 연구원 개인의 것이 아닌 연구소 전체의 것으로 할 만큼 그들은 협력을 강조했다. 벨연구소 내 협력의 원동력은 구성원 간의 깊은 소통과 배려에 있었다.

협력을 하기 위해서는 소통과 배려가 필요하다. 자신의 능력을 보여주기 위해 안간힘을 쓰기보다는 다른 사람의 유능함을 먼저 인정할 줄 알아야 한다. 맥아더(Douglas MacArthur) 장군과 아이젠하워(Dwight David Eisenhower) 대통령의 인생관을 비교해보면 그 중요성을 더 쉽게 알 수 있다. 그들은 미국 육군사관학교 출신의 군인이라는 공통점이 있지만 인생관이나 성격 등은 판이하게 달랐다.

맥아더는 육군사관학교를 수석으로 졸업할 만큼 능력이 출중한 군인이었다. 그는 최고의 군인이자 뛰어난 전략가였지만 다른 사람들의 생각보다는 자신의 주장만을 고집하는 독불장군이었다. 반면에 아이젠하워는 맥아더와는 달리 매우 평범한 군인이었다. 졸업 성적도 평범했고 군 조직 내에서의 승진도 그리 순탄하지만은 않았다. 하지만 그가 맥아더와 달랐던 점은 상대방을 존중하고 배려할 줄 아는 군인이라는 점이었다. 그는 자신의 능력을 드러내기보다는 상대의 가치를 먼저 높여주었다. 그와 대화를 나눴던 많은 사람들은 자신이 얼마나 유능하고 뛰어난 사람인지 느낄 수 있었다. 소통과 배려를 바탕으로 한 협력의 자세는 훗날 그를 대통령의 자리에 오르게 한 큰 밑거름이 되었다.

미래형 인재는 혼자만 잘났다고 떠들어대는 사람이 아니다. 개인이 아무리 뛰어난 능력을 가지고 있다 하더라도 집단의 지성을 넘어서지는 못한다. 더 이상 내가 돋보이기 위해 남을 헐뜯고 비난하는 행위는 어떤 집단에서도 달가워하지 않는다. 이는 교실에서도 마찬가지다. 친구들과 협력을 잘하는 아이들은 서로 같은 모둠이 되어 활동하기를 원한다. 하지만 자기 생각만 최고라고 여기는 아이들은 많은 아이들로부터 냉대와 외면을 받는다. 아이가 아무리 성적이 좋다고 하더라도 예외일 수는 없다. 협력하지 못하는 아이는 어른들의 세계에서나 아이들의 세계에서나 결코 환영받지 못한다. 이제 협력은 미래형 인재를 위한 가장 기본적인 조건 중의 하나다. 개인의 능력보다 더 중요한 것은 다른 사람들과 소통하고 배려할 수 있는 협력의 자세를 키우는 것이다. 상대방의 가치를 인정하고 이를 존중하는 아이. 그 아이가 바로 미래형 인재가 될 수 있다.

선행학습의 유혹에서 벗어나라

조급하게 몰아치는 것은 부모의 교육법이 아닙니다. 그건 당장 성과를 내야 하는 사람들의 방법이지요. 아이의 마음을 빨리 잡으려는 것도 부모의 사랑법이 아닙니다. 언제 헤어질지 모를 연인 사이는 아니니까요. 무리하지 않고, 포기하지 않기에 부모가 강한 겁니다.

– 서천석 《아이와 함께 자라는 부모》

말도 많고 탈도 많던 선행학습이 지난 2014년 9월에 법으로 금지되었다. 하지만 선행학습의 당사자들은 예나 지금이나 별로 달라진 것이 없다. 오히려 그 세력이 더욱 강하고 튼튼해지고 있다. 과거에도 선행학습이 전혀 없었던 것은 아니지만 오늘날 이렇게 선행학습이 팽배하게 된 데에는 2000년대 특목고 입학 열풍이 한몫했다. 당시 과학고, 외국어고 등에 진학하기 위해서는 각종 경시대회의 우수한 성적표가 필요했다. 경시대회 문제는 정규교육과정을 벗어난 문제들이 다수 출제되었고 이를 해결하기 위해서는 사교육에 의존하여 선행학습을 해야만 했다. 초등학생이 고등학생도 잘 못

푸는 수학 문제 풀이 연습을 하는 것이 비일비재했다.

사실 선행학습이 마냥 나쁜 것만은 아니다. 아이가 수학 공부에 재능이 있고, 공부하는 것을 좋아한다면 선행학습을 통해 학습 욕구를 충족시키는 것이 바람직하다. 하지만 아이는 공부하는 것이 싫은데 부모가 억지로 시키는 것이라면 엄마와 아이 모두 얻는 것이 별로 없다. 아이는 공부에 대한 흥미와 관심이 더 떨어지고, 엄마는 스트레스만 쌓여갈 뿐이다. 학습에 대한 동기가 부족하고 아이가 원하는 경우가 아니라면 선행학습은 시키지 않는 것이 백배 낫다.

선행학습으로 당장의 학교 성적은 오를 수 있지만 그것은 어디까지나 초등학교 저학년 때까지다. 고학년 시기가 되면 스스로 공부하지 않는 아이는 성적이 떨어지기 마련이다. 아이의 학교 성적을 결정짓는 것은 선행학습이 아니라 공부에 대한 태도와 습관이다. 스스로 학습하는 습관을 가진 아이는 학교 성적도 좋다. 하지만 과도한 선행학습에 노출된 아이는 스스로 공부하는 습관을 형성하지 못하는 경우가 많다. 아이의 수준에 비해 너무 어려운 공부를 하다 보니 주도적으로 공부할 기회가 적다. 교과 내용을 미리 알고 있기 때문에 학교 수업을 집중해서 들을 리도 없다. 선행학습을 통해 약간의 지식을 얻은 대신 공부에 대한 흥미와 집중력은 잃게 된 것이다.

아이들은 저마다 고유한 성장 속도를 지니고 있다. 그 속도의 차이는 있을지언정 한 인간으로 성숙해가는 과정은 별반 다르지 않다. 하지만 부모는 아이가 더 많이, 더 빨리 성장하기를 원한다. 아이의 발달단계를 전혀 고려하지 않고 나이에 맞지도 않는 옷을 입히려 한다. 아무리 좋은 옷이라도 아이의 몸에 맞지 않으면 안 입는 것만 못하다. 아이의 첫 학습시기를 절대 서둘러서는 안 된다. 학습은 아이가 충분히 받아들일 자세가 되어 있을 때 시키는 것이 바람직하다. 실개천에 많은 물이 한꺼번에 내려오면 둑이 무너져 범람하게 되는 것처럼 아이의 성장 발달 수준을 고려하지 않은 선행학습은 아이에게 독이 될 수 있다.

먼 여정을 떠나는 사람은 결코 서두르는 법이 없다. 인생의 서막을 이제 막 열어젖힌 아이들을 더 이상 재촉하고 닦달하지 말자. 지금 나는 내 아이의 몸에 맞지 않는 옷을 강제로 입히고 있지는 않은지 반문해보자.

잘못된 자기주도학습이 아이를 망친다

누구나 이야기합니다. 내 아이를 나보다 더 잘 아는 사람은 없다고. 내 아이를 나보다 더 사랑하는 사람은 없다고. 그래서 엄마들은 아이의 손을 꼭 붙잡고 자신이 결정한 방향으로 데려가려 합니다. 그러나 두렵지 않습니까?
당신이 내리고 가는 길의 끝에는 결국 당신 자신이 있다는 사실. 그리고 당신의 아이가 당신만큼 밖에는 클 수 없을지도 모른다는 사실이.

– 프리드리히 프뢰벨Friedrich Wilhelm August Frobel

서점의 학습 코너에는 자기주도학습에 관련된 책들이 즐비하다. 학년별 자기주도학습은 물론, 자기주도학습 방법과 매뉴얼, 자기주도학습 유전자에 이르기까지 그 종류도 아주 다양하다. 최근에는 유아, 청소년, 성인에서 노인까지 스펙트럼을 넓혀가고 있다. 가히 현재 우리나라의 교육 트렌드를 한눈에 알 수 있는 대목이다.

우리나라에 자기주도학습이 등장한 것은 2000년대 초반이다. 당시 교육 상황은 매우 혼란스러웠다. 많은 부모와 아이들은 사교육에 의존했고, 그것이 높은 성취 결과를 가져올 것이라 기대했다. 하지만 팽창해가는 사교육 시장과는 반대로 아이들의 학력은 더욱

낮아져갔다. 이러한 기현상을 해결하기 위한 많은 처방과 대안을 제시했지만 속 시원히 해결되지 않았다. 이를 해결하기 위한 하나의 방편으로 등장한 것이 자기주도학습이다.

자기주도학습이란 아이가 주도적으로 학습의 과정을 진행하는 것을 의미한다. 하지만 초등학생 아이가 스스로 학습을 해나간다는 것이 말처럼 쉬운 일이 아니다. 자기주도학습이 가능하기 위해서는 스스로 자신의 수준을 진단하고 행동을 통제할 수 있어야 한다. 또한 더 나은 보상을 위해 현재의 유혹을 참을 줄도 알아야 한다. 하지만 이러한 과정을 수행할 만한 성숙한 학습 능력을 가진 아이는 많지 않다. 따라서 초등학교 시기는 자기주도학습을 완성하는 것이 아니라 발달의 한 과정으로 이해하는 것이 바람직하다.

자기주도학습 능력을 키우기 위해서는 먼저 아이 스스로 자신의 수준을 정확하게 진단하기 위한 노력을 해야 한다. 상위 0.1퍼센트 학생들의 공통점은 자신이 아는 것과 모르는 것을 정확하게 구분하고 스스로 학습을 해나간다는 점이다. 그들의 높은 학업 성취는 지능보다는 자신을 진단하는 능력에서 나오는 것이며, 이는 자기주도학습 능력을 형성해 가는 데 큰 도움을 준다.

둘째, 뚜렷한 학습의 목표를 갖게 해야 한다. 목표가 없는 아이는 왜 학습을 해야 하는지 모르기 때문에 학습의 동기가 매우 낮다. 절실한 꿈과 목표가 있는 아이는 성취를 위한 계획을 세우고 준비한다. 누군가가 시켜서 하는 것이 아니다. 목표 달성을 위한 학습 동기가 충분하기 때문에 누가 시키지 않아도 스스로 학습을 해나갈 수 있다.

셋째, 학습하는 방법을 학습(learning how to learn)해야 한다. 학습의 전 과정에 있어서 학습자가 주체가 되려면 학습의 목표 설정은 물론 계획수립, 평가와 피드백까지 아이 스스로 다양한 전략을 세울 수 있어야 한다. 이를 위해서는 자신에게 맞는 학습 방법을 찾아야 한다. 학원을 비롯한 사교육은 아이가 스스로 목표를 정하고 학습을 계획하는 방법을 가르치는 데에 있지 않다. 그들은 단기간에 최대의 학습 효과를 내야 하기 때문에 그들이 세운 학습 계획에 따라 아이들을 이끌어간다. 자신만의 학습법을 가진 자기주도적 학습자가 되기 위해서는 과도한 사교육에 의존하기보다는 올바른 학습 습관을 형성해나갈 수 있도록 도와주어야 한다.

오늘날 지식의 수명은 매우 짧아졌다. 어제까지 잘 활용했던 지식이 오늘은 아무런 가치가 없는 경우가 많다. 지식의 주기가 짧아진 만큼 평생직장의 개념도 사라지고 있다. 스스로 목표를 세우고 끊임없이 배우지 않으면 한순간에 낙오되기 쉽다. 21세기는 공부하지 않으면 살아남을 수 없는 평생 학습의 시대다. 내 아이의 성공적인 삶을 위해서는 초등학교 때부터 자기주도학습 능력을 배양해나갈 수 있도록 노력해야 한다.

다르게 생각하는 방법을 가르쳐라

생각하는 것을 가르쳐야지, 생각한 것을 가르쳐서는 안 된다.

– 코넬리우스Cornelius Gurlitt

다수의 여성들이 이용하는 화장실 거울에 립스틱 자국이 찍혀 있었다. 장난으로 한 여성이 먼저 찍기 시작하자 이내 다른 여성들도 하나둘씩 따라하게 되었고, 이내 거울은 립스틱 자국으로 엉망이 되었다. 이를 누구보다 불편한 심기로 마주하는 한 사람이 있었다. 바로 화장실을 청소하는 아주머니였다. 그녀는 매일 립스틱 자국으로 범벅이 된 화장실 거울을 닦는 데 많은 시간을 썼다.

'립스틱 자국 금지', '립스틱을 거울에 찍지 마세요.'와 같은 팻말을 세워두는 등 갖은 묘책을 써봤지만 해결의 기미가 보이지 않았다. 그녀는 오랜 고심 끝에 마침내 특단의 조치를 생각해냈다. '이

거울은 변기 닦는 걸레로 닦았음.'이라는 문구를 거울 위에 붙여놓은 것이다. 그것은 명령이나 금지 대신 사용자들의 자발적인 행동을 유도하는 데 초점을 둔 관점의 변화였다. 그 이후 거울에는 립스틱 자국이 보이지 않았다.

대단한 창의력이 필요할 것처럼 보였지만 문제 해결의 실마리는 그리 멀지 않은 곳에 있었다. 관점을 조금 다르게 함으로써 손쉽게 해결책을 찾을 수 있었던 것이다. 관점을 조금 바꿔 다르게 생각하는 것만으로도 문제 해결을 위한 참신한 아이디어를 얻을 수 있다.

국어사전에 따르면, 관점이란 '사물이나 현상을 관찰할 때 그 사람이 보고 생각하는 태도나 방향 또는 처지'를 의미한다. 사물을 보는 관점이 다양하지 못하다는 말은 사고가 유연하지 못하다는 말과 같다. 종종 한 가지 문제에 몰두하다 보면 그 안에만 갇혀 관점이 좁아지기 마련이다. 하나의 관점 안에 갇히게 되면 여러 가지 대안이나 가능성을 배제하기 쉽고 이런 상황에서 새로운 아이디어가 나오기 어렵다.

다르게 생각하는 능력을 키우기 위해서는 일상을 보는 눈을 달리해야 할 필요가 있다. 이제까지 눈에 보이는 것만을 단순히 봐왔다면 구체적으로 자세히 들여다봐야 한다. 사물에 숨겨진 모습까지 구석구석 관찰해야 한다. 그리고 그것을 다양한 관점에서 생각해야 한다.

자녀 교육에 있어서도 다르게 보는 관점이 필요하다. 모든 엄마들이 아이의 성적 올리기에 열을 올린다고 나 또한 그렇게 할 필요는 없다. 자녀 교육은 성적 올리는 것이 전부가 아니기 때문이다. 부모가 아이에게 가르쳐야 할 것은 공부하는 스킬이 아니다. 따뜻한 사랑의 감정, 무엇인가에 몰입하는 능력, 생각을 확장하는 법, 성품을 바르게 하는 법 등 부모가 아이에게 알려줘야 할 것은 무궁무진하다.

하지만 많은 부모들이 자녀의 성적에만 관점을 두는 것은 공부라는 현상만을 바라보고 또 다른 생각을 확장하지 못하는 탓이다. 생각이 다른 아이로 키우기 위해서는 부모 먼저 관점을 다르게 하는 연습이 필요하다.

성적에서 벗어나 아이가 좋아하고 원하는 것이 무엇인지 찾아보자. 예컨대, 아이가 컴퓨터 게임에 집중할 경우 일반적인 부모라면 아이와 싸우기 바쁠 것이다. 하지만 관점을 달리하면 아이가 게임하는 모습이 눈에 들어오는 것이 아니라 집중하는 모습이 눈에 들어올 것이다. 온종일 컴퓨터 게임에 집중할 수 있다면 분명 뛰어난 몰입 능력을 가지고 있다고 생각하면 된다. 이렇게 관점을 다르게 보면 아이의 부정적인 면도 긍정적으로 보이게 된다. 부모의 긍정적인 믿음은 아이의 자신감으로 이어져 어떤 일을 하든 아이는 좋은 결과를 가져올 확률이 높다. 아이를 보는 관점을 바꾸면 아이의 단점이 최고의 장점으로 변하는 기적을 맞이할 수 있다.

관점이란 사소한 생각과 차이의 발견에서 나타난다. 단순히 달리 보는 것이 아니라 부정적인 마인드를 긍정적인 마인드로 바꾸는 힘이 들어 있다. 남들이 모두 안 된다고 말할 때 할 수 있다는 사실 하나만으로도 자신만의 무기를 지니게 된다. 관점이란 멀리 있는 것이 아니라 항상 내 주변 가까이에 있다. 너무 가까워서 그냥 지나치고 있는 것은 아닌지 다시 한 번 살펴보기 바란다.

스스로 결정하도록 지켜보라

엄마라는 말에는 친근감뿐만 아니라 '나 좀 돌봐 줘'라는 호소가 배어 있다.
"혼만 내지 말고 머리를 쓰다듬어 줘. 옳고 그름을 떠나 내 편이 되어 줘"라는…

– 신경숙 《엄마를 부탁해》

우리는 주변에서 결정을 잘 내리지 못하는 사람들을 쉽게 만날 수 있다. 그들은 식당에서 메뉴 고르는 일조차도 쉽게 정하지 못하고 이랬다저랬다 한참을 고민한다. 그러다 결국에는 '아무거나' 또는 '제일 맛있는 것'을 시킨다. 오늘날 많은 현대인들은 자신이 원하는 것이 무엇인지 잘 모르고, 또 어떤 선택을 해야 할지 쉽게 결정하지 못한 채 살아간다. 이를 두고 독일의 저널리스트 올리버 예게스(Oliver Jeges)는 '결정장애세대(Generation Maybe)'라고 표현했다.

비단 결정장애는 성인들에게만 나타나는 것이 아니다. 아이들의 결정장애도 어른 못지않게 심각하다. 아이의 사소한 것 하나하나까지 엄마가 간섭하고 챙겨주다 보니 아이 스스로 결정할 수 있는 것이 거의 없어졌다. 혼자서 목표를 세우고 결정할 나이가 되었음에도 불구하고 여전히 부모에게 의존한 채 살아간다. 대학에 가서도 엄마가 수강신청을 대신하고, 직장의 대소사도 엄마가 일일이 챙겨준다. 몸은 어른이 되었지만 정신은 성숙하지 못한 어른아이로 살아간다. 도대체 언제까지 부모가 아이의 일을 대신 해줄 수 있다고 생각하는가? 아이의 인생은 부모의 것이 아니다. 더 이상 아이가 부모의 꼭두각시가 아닌 삶의 주인으로 우뚝 서게 해야 한다.

자기 결정력이 강한 아이로 키우기 위해서는 자율성을 길러줘야 한다. 아이들은 이제까지 "이것 해라.", "저것은 하지 마라." 등과 같은 어른들의 명령에만 익숙해져 있다. 어떤 일을 스스로 결정할 기회는 많이 가져보지 못했다. 아이의 자율성을 높이기 위해서는 자신의 일을 스스로 결정할 수 있는 기회를 많이 주어야 한다. 처음에는 아이 혼자서 생각하고 결정하는 데 오랜 시간이 걸릴 수 있다. 엄마 입장에서는 답답하고 조바심이 날 수도 있지만 여유를 갖고 기다려줘야 한다. 아이가 결정하는 것이 힘든 경우라면 선택의 정도를 줄여서 기회를 주는 것도 도움이 된다.

아이가 하고 싶은 대로 무조건 허용하라는 의미가 아니다. 아이는 이성보다는 감성의 지배를 받는 미성숙한 존재이기 때문에 위험한 결정을 내릴 수 있다. 부모는 아이의 결정에 관해 큰 틀에서 길잡이 역할을 해주어야 한다. 아이에게 '해야 할 것'과 '하지 말아야 할 것'에 관한 지침을 정해주되, 세세한 부분은 아이가 직접 결정할 수 있는 기회를 주어야 한다. 길잡이 안에서 이뤄지는 아이의 판단은 최대한 존중해주려는 노력이 필요하다. 비록 그것이 잘못된 선택일지라도 반성의 과정을 통해 아이는 많은 것을 배울 수 있다. 또한 아이가 결정하기 전 미리 어떤 결과가 나타날지 생각하고 고민해보게 하는 것이 좋다. 보다 더 바람직한 결정을 내릴 수 있고 책임감 있는 자세로 일을 수행할 수 있기 때문이다.

아이를 키우다 보면 부모 뜻대로 안 되는 경우가 많다. 그럴 때마다 부모가 아이의 일을 대신 해줄 수는 없다. 아이가 인생을 살아가는 데 필요한 것은 지금 당장의 도움이 아니다. 정말 필요한 것은 자신의 인생을 능동적으로 개척할 수 있는 자기 결정력이다. 쉬운 일이든 어려운 일이든 아이가 직접 선택하고 책임지려는 자세를 갖게 해주어야 한다. 눈물 흘리는 모습이 안쓰럽다고 눈물을 닦아주기보다는 스스로 눈물을 닦고 일어설 수 있도록 해주어야 한다. 더 이상 아이의 모든 것을 채워주려 하지 말자. 아이 스스로 하나씩 차근차근 채워나갈 수 있도록 곁에서 바라보자.

엄마가 잘 모르는 학교 이야기

지식을 교육하려면 조용하고 침착해야 하며,
공손한 마음과 정중한 태도를 가져야 한다.

– 소학

아이는 매일 학교에 가지만 일 년에 몇 번 실시되는 공개수업에 참관하는 것이 부모가 볼 수 있는 아이의 학교생활의 전부다. 선생님과 상담을 통해 아이의 학교생활을 접하게 되는 경우도 있지만, 아프거나 다쳤을 때와 같이 안 좋은 일이 생겼을 경우가 대부분이다. 부모들도 무소식이 희소식이라 여기며 학교에서 연락이 없는 것이 차라리 속 편하다고 생각하는 경향이 있다.

대한민국 사람이라면 누구나 초등학교 일과에 대해서 어느 정도 알고 있다. 하지만 엄마가 궁금한 것은 일과가 아니다. 내 아이가 학교생활을 얼마나 잘하고 있는지가 궁금하다. 하지만 교실의 민낯은 잘 드러나지 않는다. 학교장은 물론 대통령조차도 함부로 들어가지 못하는 신성불가침한 교육 공간이기 때문이다. 그곳에서 교사는 교육권을 보장받고 아이는 학습권을 안전하게 누린다. 하지만 쉽게 노출되지 않는 만큼 교실 안에서 어떤 일이 벌어지고 있는지 궁금해하는 부모들이 많다.

아이의 학교생활은 크게 수업, 친구, 교사, 이렇게 3가지 범주로 이야기할 수 있다. 먼저 교실 수업은 평소 부모가 생각하는 것과 조금 다를 수 있다. 부모가 보는 공개수업은 아이들이 가장 적극적으로 수업에 참여하고 있는 모습이다. 이때 아이들은 평소보다 수업태도가 바르고, 발표는 물론 필기도 열심히 한다. 하지만 평소 수업에서는 그런 모습을 보는 것이 쉽지 않다. 수업을 받아야 하는 목적이나 동기가 잘 형성되어 있지 않기 때문에 멍하니 자리에 앉아 딴생각을 하는 경우가 많다. 그렇다면 평소 내 아이가 수업에 얼마나 열심히 참여하고 있는지 어떻게 알 수 있을까? 가장 쉬운 방법은 아이의 책이나 공책을 살펴보는 것이다. 필기는 아이의 평소 수업태도를 가장 잘 나타내주는 지표다. 평소 아이의 책이나 공책을 주의 깊게 살펴보면 아이의 수업 참여 정도를 알 수 있고 잘못된 점들은 교정해나갈 수 있다.

교실은 담임교사와 1년 동안 함께 지내야 하는 곳이다. 좋은 관계를 유지하는 아이에게는 즐거운 추억이 될 수 있지만, 그렇지 않은 아이에게는 지워버리고 싶은 아픈 과거가 될 수 있다. 아이와 교사의 관계는 아이의 성장에 매우 중요하다. 교사에게 잘 보이고 싶은 것이 아이들의 마음이다. 그들은 교사로부터 인정받기 위해 많은 노력을 한다. 사소한 심부름 하나도 서로 하려고 난리다. 집에서는 거들떠보지도 않는 사탕 1개에도 목을 맨다. 단순히 사탕을 먹기 위해서가 아니다. 사탕은 교사로부터 유능함을 인정받을 때 얻는 보상이기 때문이다. 선생님과 친하게 지내는 아이는 계속해서 긍정적인 보상과 피드백이 주어진다. 하지만 교사와 원만하지 않은 관계를 유지하는 아이들은 부정적인 피드백이 주어진다. 잘하는 아이는 계속해서 잘하게 되고, 못하는 아이는 계속해서 못하는 아이가 될 수밖에 없다.

아이들은 엄마보다 친구를 더 중요하게 생각한다. 부모 말은 안 들어도 친구 말은 잘 듣는 게 아이들이다. 단짝 친구가 한 명만 있어도 아이들의 학교생활은 행복하고 재미있다. 하지만 친구 관계가 항상 원만한 것은 아니다. 아이들의 세계에서 싸움은 빈번하게 발생한다. 대부분 금방 화해하는 경우가 많지만 감정의 골이 깊을 때에는 교사가 중재에 나서기도 한다. 교사의 역할은 잘잘못을 따지는 데에 있지 않다. 그저 아이들의 말을 귀담아듣고 상대의 마음은 어떠했을지 생각해보게 하는 것에 있다. 아이가 학교생활을 하면서 싸우지 않을 수는 없다. 하지만 중요한 것은 싸우고 난 후 서로 간의 안 좋은 감정을 어떻게 해소해나가는가이다. 이 시기에 확립된 가치관이 앞으로의 대인 관계의 초석이 될 수 있다.

학교생활을 잘하는 아이는 공부를 잘하는 아이도 아니고 친구들 사이에서 인기가 많은 아이도 아니다. 친구들에게 환영받고 교사에게 인정받는 아이는 성품이 바른 아이다. 친구를 배려하고, 자신보다는 친구의 마음을 헤아릴 줄 아는 아이가 학교생활도 잘할 수 있다.

부모의 믿음이 무엇보다 중요하다

두 살 때보다 네 살 때 더 밉고, 네 살 때보다 열여섯 살 때 더 말 안 듣고,
열여섯 살 때부다 서른다섯 살 때 더 속 썩이는
이 사람을 질리도록 사랑해주는 사람, 이런 사람 달리 없습니다. 엄마밖에는…

– 노진희 《서른다섯까지는 연습이다》

대한민국 부모라면 '마시멜로 이야기'를 모르는 사람이 없을 것이다. 베스트셀러로 널리 알려진 이 책에는 작은 유혹을 견뎌낼 줄 아는 참을성 있는 아이가 성공한 인생을 살아갈 수 있다는 내용이 담겨 있다. 실제 실험은 스탠퍼드대학(Stanford University)의 심리학자인 월터 미셸 박사에 의해 진행되었다.

"선생님이 잠깐 나갔다 다시 왔을 때 마시멜로를 먹지 않고 참고 기다리면 한 개를 더 줄게. 하지만 참지 못하고 먹어버리면 한 개를 더 받지 못할 거야."

미셸 박사는 '즉각적 유혹을 견디는 학습'에 관한 연구를 진행했

다. 4~5세 가량의 취학 전 아이들에게 마시멜로 한 개를 주면서 위와 같이 말했다. 실험에 참가한 대부분의 아이들은 유혹을 견뎌내지 못하고 마시멜로를 먹었다. 하지만 그들 중 30퍼센트의 아이들은 유혹을 견뎌내고 마시멜로를 한 개 더 먹을 수 있었다.

이 실험이 유명해진 것은 후속 연구를 통한 결과가 소개되고부터다. 스탠퍼드대학 연구팀은 10년 뒤 실험에 참여했던 아이들을 추적 관찰했다. 그 결과 마시멜로를 먹지 않고 기다렸던 아이들이 그렇지 못한 아이들보다 훨씬 더 성공적인 삶을 살아가고 있었다. 그들은 작은 유혹을 이겨내지 못했던 아이들에 비해 SAT(Scholastic Aptitude Test, 미국의 대입자격시험) 평균 점수가 더 높았고 자녀에 대한 부모의 평가도 훨씬 더 긍정적이었다.

이후 2011년 미국의 한 잡지사가 이들의 삶을 한 번 더 조명했다. 이미 그들은 중년을 훌쩍 넘긴 나이가 되어 있었다. 눈앞의 유혹을 견뎌냈던 아이들은 중년이 되어서도 성공한 삶을 살아갔다. 하지만 이를 참지 못했던 아이들은 중년이 되어서도 여전히 대부분 가난하고 불우한 인생을 살았다. 이는 눈앞의 작은 유혹을 참을 수 있는 사람이 그렇지 않은 사람보다 더 성공한 인생을 살 수 있다는 점을 다시 한 번 확인시켜주었다.

하지만 '마시멜로 이야기'는 한 가지 맹점이 있었다. 이는 미국 로체스터대학(University of Rochester)에서 발표한 연구 결과에서 찾을 수 있는데, 평소 신뢰를 경험하지 못한 아이들은 결코 인내심을 갖고 기다리지 못한다는 점이다. 어떤 대상을 기다리고 참을 수 있는가의 여부는 단순한 개인의 성향을 넘어 가정에서의 신뢰 형성과 깊은 관련이 있다. 마시멜로 실험은 이러한 가치와 관련된 변인들의 영향을 배제한 채 이루어졌기 때문에 완벽한 실험이 될 수 없었다.

약속을 지키지 않는 불신 사회에서 홀로 약속을 지켜내기란 쉬운 일이 아니다. 이는 부모와 아이 사이에서도 마찬가지다. 신뢰가 구축되지 못한 가정에서 자란 아이에게 마시멜로 효과를 기대하는 것은 어려운 일이다. 만족지연 능력이 높은 아이로 키우기 위해서는 인내심을 기르도록 종용할 것이 아니라, 가정 내에서 부모와 아이의 신뢰 관계를 회복하는 것이 급선무다.

부모가 기대하는 만큼 자란다

우리 아이를 따뜻한 눈길로 바라봐주세요.
학습지도나 밥 차려주기는 다른 사람도 할 수 있지만,
진심 어린 사랑의 표현은 부모만 할 수 있답니다.

– 오은영 "엄마 아빠, 이것만은 지켜주세요"

"너는 왜 그렇게 문장력이 없니?"

뇌리에 박혀 아직까지도 생생하게 기억나는 말이다. 일기를 검사 맡는 날이면 담임선생님은 항상 그렇게 꾸중하셨다. 문장력이 없다면 어떤 문장이 좋은 것인지, 어떻게 써야 좋은 문장이 되는지 알려주어야 했다. 하지만 방법은 전혀 알려주지 않고 무작정 문장력이 없다는 말만 반복하며 핀잔을 줬다. 당시에는 그 말이 너무나 충격적이었다. 대학생이 되어서까지도 한동안 문장력 노이로제에 시달렸다. 그분과 함께 1년을 보내면서 나는 '글쓰기'에는 전혀 관심이 없는, 전혀 재능이 없는 아이로 변해 있었다.

사실 나는 초등학교에 입학하기 전부터 글 쓰는 것을 좋아했다. 생각나는 것이 있으면 무엇이든 종이에 끄적이는 것이 즐거운 아이였다. 하지만 담임선생님의 꾸중은 두 번 다시 글을 쓰고 싶은 마음이 들지 않게 했다. 가끔 일기를 쓰기는 했지만 그것은 매를 맞지 않기 위한 형식적인 가짜 일기에 불과했다.

아이가 가진 능력을 비난하는 것은 바람직하지 않다. 모름지기 어른이라면 아이가 잘하는 것을 찾아서 그것을 개발해주어야 한다. 아이가 잘하지 못하는 것이 있다면, 왜 못하는지 이해하고 더 잘할 수 있는 방법을 고민하고 도와주어야 한다. 지금은 기술을 단련하고 숙달하는 시기가 아니다. 다양한 경험을 통해 아이에게 맞는 재능이 무엇인지 찾아가는 시기다. 문장력이 부족한 아이라면 아이가 가진 다른 재능을 발견할 수 있도록 도와주었어야 했다. 하지만 그런 노력은커녕 꾸중만 했기 때문에 아이는 20년 넘게 글쓰기를 두려워하며 살아야 했다.

아이를 키우는 것은 긍정적인 기대다. 실제 학교 현장에서 아이들을 가르치다 보면 관심과 기대가 아이의 성장에 얼마나 중요한지 알 수 있다. 학기 초, 첫 만남의 시간에 아이들은 담임교사에게 좋은 첫인상을 새기기 위해 노력한다. 하지만 아이의 현재 모습 이외에도 첫인상에 영향을 주는 것들이 있다. 대표적인 것이 이전 담임교사로부터 알게 된 아이들의 신상 정보다. 아이들에 관한 사전 정보는 담임교사가 아이들의 첫인상을 형성하는 데 많은 영향을 끼친다. 그리고 그 첫인상은 1년간의 학교생활 동안 잘 바뀌지 않는다. 좋은 첫인상을 남긴 아이는 긍정적인 피드백을 통해 끊임없이 성장해갈 수 있다. 하지만 그렇지 못한 아이는 부정적인 피드백이 계속 반복될 뿐이다.

이는 하버드대학교 로즌솔(Rosenthal) 박사의 연구를 통해서도 증명되었다. 그는 '교사의 기대와 아이의 성취'에 관한 연구를 진행하기 위해 한 초등학교를 찾았다. 그리고 아이들을 대상으로 지능검사를 실시한 후, 상위 20퍼센트의 우수한 학생들의 신상 정보를 교사가 알 수 있도록 했다. 그 후 1년이 지난 뒤 같은 학생들을 대상으로 다시 지능검사를 실시한 결과, '우수 학생'이라고 표기되었던 학생들이 다른 학생들에 비해 뛰어난 학업성적과 지능의 발달을 보여주었다. 우수한 학생들이 더 똑똑해졌다는 당연한 결과가 뭐 그렇게 대단하냐고 반문할 수 있으나, 사실 학기 초 '우수 학생'이라고 안내되었던 아이들이 진짜 똑똑하거나 우수한 아이가 아니었다는 데 반전이 있다. 사실 그들은 연구원이 무작위로 뽑은 학생들이었다.

로즌솔의 실험은 '자녀를 어떻게 키워야 하는가'에 대한 확실한 지향점을 제시한다. 어떤 기대와 믿음을 갖느냐에 따라 아이의 성장 방향은 180도 달라질 수 있다. 긍정적인 기대와 믿음은 아이가 가진 잠재력을 극대화시키는 원동력이 될 수 있지만, 반대의 경우에는 잠재력은커녕 잘할 수 있는 능력마저 퇴화하게 한다. 부모로부터 긍정적인 메시지를 받은 아이는 긍정적인 사고방식을 갖고 이는 긍정적인 행동의 변화를 가져온다. 부모가 아이에게 갖는 정서행동의 대부분은 부모도 잘 의식하지 못하는 언행으로 표현되기 때문에 평소 따뜻한 말 한마디, 그리고 감동을 주는 행동을 아이에게 보여주어야 한다. 부모의 사소한 말 한마디에 내 아이의 미래가 달라진다.

6

아이의 미래에 불을 지펴라

나는 결코 예측하지 않는다. 단지 창밖을 내다보고 현실을 관찰한 뒤
남들이 아직 보지 못하고 지나치는 것을 파악할 뿐이다.

– 피터 드러커Peter Ferdinand Drucker

아이들은 꿈을 먹고 자란다

지금부터 20년 후에, 당신은 당신이 한 일보다 하지 않았던 일을 더욱 후회할 것이다. 그러니 뱃머리를 묶고 있는 밧줄을 풀어 던져라. 안전한 항구로부터 벗어나 항해를 떠나라. 당신의 항해에 무역풍을 타라. 탐험하라. 꿈을 꾸어라. 그리고 발견하라.

– 마크 트웨인Mark Twain

일본인들이 즐겨 기르는 관상어 중에 '코이(Koi)'라는 잉어가 있다. 작은 어항에서 자란 녀석들의 크기는 고작 10cm를 넘지 못한다. 하지만 넓은 강물에서 자란 녀석들은 1m가 넘는 거대한 크기로 성장한다. 똑같은 물고기지만 어떤 환경에서 성장하느냐에 따라 전혀 다른 크기를 가지는 독특한 물고기다. 이는 아이의 성장 환경에 따라 꿈을 발견하고 키워가는 과정이 달라질 수도 있음을 시사한다.

아이의 성장 환경은 전적으로 부모가 만들어주는 것이다. 부모가 적극적인 관심과 지지를 해준다면 아이의 꿈은 무럭무럭 커나갈 수 있다. 하지만 그렇지 않은 경우라면 어항에서 자란 '코이'처럼 아이의 꿈 또한 성장이 멈출 수 있다. 아이가 갖는 꿈의 크기는 자신이 경험하는 세계의 범주를 크게 벗어날 수 없다. 아이의 세계를 확장시켜주기 위해 부모는 공부 이외의 다양한 경험을 할 수 있도록 도와주어야 한다.

비행기를 만드는 것보다 하늘을 비행하는 꿈을 꾸게 하라.

대부분의 부모들은 아이가 가진 꿈보다는 성적에만 관심을 두는 경우가 많다. 아이들이 하늘을 날 수 있도록 큰 꿈을 품게 해야 하지만 현실은 비행기만 빨리 만들기를 강요한다. 하지만 애써 만든 비행기를 아이가 타지 못한다면 얼마나 안타까운 일인가? 목표 없이 하는 공부는 한계가 뚜렷하다. 미국 아이비리그(Ivy League) 명문대에 진학한 아이들 중 다수가 학업을 포기하는 이유도 이와 별반 다르지 않다. 그들은 자신이 좋아하는 것이 무엇인지도 모른 채 부모가 요구하는 목표를 향해서만 달린다. 하지만 그 목표를 달성하고 난 이후에는 더 이상 달려야 할 목표도, 동기도 찾을 수 없게 되는 것이다.

지붕을 먼저 만들고 집을 지을 수 없듯이 모든 일에는 순서가 있다. 아이의 인생에서도 마찬가지다. 먼저 아이가 큰 꿈을 꾸게 해야 한다. 꿈이 확실하게 세워져 있다면 공부는 저절로 따라온다. 가장 중요한 것은 꿈을 꾸고, 그것을 이루고자 하는 아이의 절실한 마음이다.

우리는 미래의 먼 훗날을 생각하며 가슴 한편에 꿈을 담고 산다. 어렸을 적 소망했던 꿈과는 다른 삶을 사는 사람도 있고, 꿈을 이루기 위해 아직도 계속 진행 중인 사람도 있다. 가보지 않은 길에 대해서는 항상 후회가 되기 마련이고, 게다가 그것이 자신이 꿈꾸는 세계였다면 더욱더 미련이 남는다. 하지만 우리 주변에는 꿈조차 꾸지 않은 아이들이 많다.

꿈이 없는 아이는 자신이 원하는 것이 무엇인지도 모른 채 아무런 목적 없이 살아간다. 학교를 왜 다녀야 하는지, 수업을 왜 받아야 하는지 생각하지 않고 그저 남이 다니니까 따라서 할 뿐이다. 하지만 꿈을 가진 아이는 다르다. 그들은 자신이 하는 일에 대해 확실한 동기를 가지고 있다. 꿈을 성취하기 위한 작은 목표들을 세워 무엇이든 열정적으로 도전해나간다. 그들은 꿈을 향해 하루하루 최선을 다하며 살아간다.

간혹 "왜 꿈을 꾸고 살아야 하는가?"라고 반문하는 사람들도 있다. 꿈을 꾸지 않는 것은 아무런 생각도, 목표도 없이 살아가는 것과 같다. 삶의 목표가 없기 때문에 그것을 이루기 위한 노력을 하지 않아도 불편한 마음이 전혀 없다. 앞날에 대해 고민이나 걱정도 막

연할 뿐 구체적인 계획을 품지 않는다. 그저 현실에 안주하면서 편안함만 추구하기 때문이다.

이런 사람들을 향해 공자는 '인무원려 필유근우(人無遠慮 必有近憂)'라는 표현을 통해 일갈했다. 멀리 내다보지 못하는 사람은 반드시 가까이에 우회(尤悔)가 따른다는 말로서, 가슴에 큰 뜻을 품지 않은 사람은 무슨 일이든지 쉽게 포기하고 사소한 일에도 흔들리기 쉽다는 뜻이다. 지금 당장 걱정은 없을지 몰라도 머지않아 자신의 인생을 낭비한 대가를 치르며 괴로워할지도 모른다.

마침내 아이가 꿈을 찾았다면 주변 사람들에게 선포할 수 있도록 해야 한다. 머릿속으로만 생각하는 꿈은 절대 이루어질 수 없다. 혼자서만 생각하는 꿈은 언제든지 자신을 기만하기 쉽고, 작은 유혹에도 금세 놓아버리기 쉽다. 꿈을 만천하에 선포했다면 이제는 꿈을 구체적인 글로 써봐야 한다. 글로 쓰고 나면 무형의 꿈이 유형으로 구체화되고, 곧 그 꿈을 이루기 위한 행동을 시작하게 된다. 작고 초라한 꿈이라 할지라도 가슴에 품고 꾸준히 노력하다 보면 성공이란 열매를 맛보게 될 것이다.

아이의 꿈보다
부모의 꿈이 먼저다

만약 당신이 꿈꿀 수 있다면, 언제든지 그것을 이룰 수 있다. 항상 기억하라.
내가 성취한 이 모든 것들이 하나의 꿈과 한 마리의 쥐로 시작되었다는 것을…

– 월트 디즈니Walt Disney

그리스·라틴 문학의 대표적인 고전이라고 할 수 있는 호메로스(Homeros)의 《일리아스(Ilias)》와 《오디세이(Odysseia)》에는 트로이에 관한 전설이 소개되어 있다. 고대 도시 트로이(Troy)는 사람들 사이에서 오랫동안 전설로 내려져왔을 뿐, 그 누구도 실존했으리라고 생각하지 않았다. 하지만 트로이가 실제 존재했던 도시라고 확신한 소년이 있었다. 하인리히 슐리만(Heinrich Schlie-mann)이라는 이 소년은 어려서부터 '트로이 전설'에 관한 책을 읽으면서 반드시 도시를 발견하겠다는 꿈을 품었다. 하지만 집안 형편이 어려워 학교를 그만두면서 그는 한동안 꿈을 잊고 살게 된다.

어릴 적 꿈을 다시 떠올린 것은 어른이 되어서였다. 그는 크림전쟁과 미국의 남북전쟁 중에 무역 사업으로 큰돈을 벌어들였다. 부를 축적한 뒤, 그는 잊고 지냈던 어릴 적 꿈을 실현하기 위한 여정을 떠났다. 그리고 갖은 고초를 겪고 중년이 다 되어서야 마침내 그 꿈을 이룰 수 있었다. 책과 전설 속에서만 존재했던 고대 도시 트로이의 실체가 만천하에 드러나게 된 것이다. 그가 오래전 꿈을 이룰 수 있었던 것은 끝까지 꿈을 포기하지 않고 가슴속에 간직했기 때문이다. 그의 일화는 꿈을 잊고 사는 기성세대들에게 의미심장한 메시지를 전한다.

부모는 아이에게 늘 큰 꿈을 가지라고 말한다. 하지만 정작 자신은 꿈을 잊고 사는 경우가 대부분이다. "아이를 키우느라 꿈을 잊고 살았다.", "생계를 유지하느라 꿈을 꾸는 것은 사치나 다름없다."라고 자기변명 하기에 바쁘다. 과연 꿈이 없는 부모가 아이에게 큰 꿈을 가지라고 자신 있게 말할 자격이 있는가?

칠팔십 대 할머니, 할아버지들도 꿈을 품고 살아간다. 미국 41대 대통령이었던 조지 부시(George Herbert Walker Bush)는 90세의 고령에도 불구하고 스카이다이빙에 도전할 만큼 팔팔한 노익장을 보여주었다. 우리나라 황국희(당시 71세) 할머니도 히말라야 고봉인 임자체(6,189m) 등반에 도전하여 식을 줄 모르는 열정을 보여주었다. 그들은 나이는 숫자에 불과하다고 생각하기 때문에 꿈을 꾸고

도전하기 위한 노력을 결코 멈추지 않는다. 그들에 비하면 초등학생을 자녀로 둔 부모의 나이는 고작 삼사십 대에 불과하다. 인생의 후반전은 아직 시작하지도 않았다.

아이에게 큰 꿈을 갖게 하기 위해서 부모가 현실에 안주하는 모습을 보여서는 안 된다. 자신의 꿈을 실현하기 위해 노력하는 모습을 보여주어야 한다. 그렇다고 해서 가정을 등한시하라는 말은 결코 아니다. 아이의 인생을 위해 무조건적으로 희생해서는 안 된다는 뜻이다. 적어도 자신이 좋아하는 것, 사랑하는 일 하나쯤은 마음에 품고 살아야 한다.

꿈을 꾸는 부모는 매사에 적극적이고 열정이 넘친다. '누구의 엄마', '누구의 아내' 대신 자신의 이름으로 당당하게 불리기를 원한다. 아이의 인생 못지않게 자신의 인생이 소중함을 알기 때문에 아이의 인생에 자신의 삶을 다 거는 우를 범하지 않는다. 아이의 꿈을 찾기 전에 먼저 잊고 지냈던 부모의 꿈부터 찾자. 아이가 큰사람이 되기를 원한다면 먼저 부모 꿈부터 가꿔나가자.

미래를 살아갈 아이들

나는 결코 예측하지 않는다. 단지 창밖을 내다보고 현실을 관찰한 뒤 남들이 아직 보지 못하고 지나치는 것을 파악할 뿐이다.

– 피터 드러커Peter Ferdinand Drucker

《미래와의 대화(Communicating with the Future)》의 저자 토머스 프레이(Thomas Frey) 다빈치연구소장에 따르면, 2030년까지 약 20억 개의 직업이 사라질 것이라고 한다. 로봇, 드론, 3D 프린터, 인공지능의 발달로 인간의 일자리를 기계가 대신할 날도 머지않은 셈이다. 특히 고도의 정신 기능을 요구하는 인간 활동의 영역까지 로봇이 개입할 만큼 이는 빠르게 현실화되고 있다. 예컨대 구글의 직원 승진에는 빅 데이터를 기반으로 한 알고리즘이 사람의 역할을 대신하고 있다. 심지어 스포츠, 주식시장의 각종 뉴스까지도 컴퓨터가 작성한다. 인간의 고유 권한인 의사결정, 사고, 판단 등의 영역까지 기계가 활용되고 있는 것이다.

우리 아이들이 살아갈 미래에는 현재 중요하게 생각되는 직업이 대부분 사라질 것으로 예측된다. 예컨대 부와 명예의 대명사였던 의사와 변호사라는 직업도 그 위상이 흔들리고 있다. 경영난을 견디지 못하고 문을 닫는 병원과 변호사 사무실이 매년 증가하고 있으며, 수익도 예전 같지 않다. 황금시대를 살아온 기성세대에게 의사와 변호사는 여전히 부와 명예를 얻을 수 있는 선망의 직업이지만 아이들이 살아갈 미래에 이들을 바라보는 현실은 가혹하기만 할 것이다. 문제는 이런 상황들이 한두 개가 아니라는 점이다.

가까운 미래에 우리는 '제4차 산업혁명'이라는 대변혁의 세계를 맞이하게 될 것이다. 인터넷과 모바일 세계를 훨씬 뛰어넘는 'IOT(사물 인터넷: Internet of Things)'와 '딥러닝(Deep Learning)'을 기반으로 한 인공지능 로봇의 등장은 인간의 생활양식을 획기적으로 변화시킬 것이다. 스티븐 호킹(Stephen William Hawking) 박사와 옥스퍼드대학(University of Oxford)의 닉 보스트롬(Nick Bostrom) 교수는 향후 100년 이내에 인간의 지능을 넘어선 초지능(Super-intelligence) 로봇이 등장할 것이라고 예측했다. 인간은 이전보다 훨씬 더 편리하고 윤택한 삶을 살아갈 수 있게 되었지만, 반대로 그들이 해야 할 많은 일과 직업이 인공지능에게 넘어갈 것이다. 현재 우리들의 경쟁 상대는 사람이지만, 아이들이 미래에 경쟁할 상대는 인간이 아닌 초지능을 가진 기계가 될지도 모른다.

많은 학자들이 끊임없이 미래를 예측하고 연구한다. 하지만 미래에 관한 가장 확실한 예측은 '미래는 불확실하다'는 사실뿐이다. 그 어떤 전문가도 미래를 정확히 예측할 수 없다. 우리는 지난 수십 년간 세계 최강으로 군림하던 기업들이 순식간에 무너지는 것을 많이 봐왔다. 급격한 환경의 변화는 세계적인 기업들에게도 큰 위기로 다가오고 있다. 그들은 급격한 환경 변화에 대응하기 위해 애쓰고 있지만 뚜렷한 비전을 제시하지 못하고 있다. 세계 유수의 대기업들조차도 미래를 대비하기 위해 끊임없는 노력하고 있는데, 과연 우리의 부모들은 아이의 미래를 대비하기 위해 어떤 노력을 하고 있을까? 그저 눈앞의 성적에만 연연하고 시험문제 한 개라도 더 맞추기 위해 애쓰고 있지는 않은가.

하이 콘셉트 · 하이 터치 시대가 온다

진정으로 우수한 인재는 인간성도 훌륭한 사람이다.
재능은 있으나 인간성이 부족하면 성공은 오래가지 않는다.

– 하야시 나리유키

초고층 빌딩들이 앞다투어 세계 곳곳에 세워지고 있다. 고도로 발전한 건술 기술 덕택에 인간이 만든 건물 높이는 해가 갈수록 높아져, 1930년대 1개밖에 되지 않던 초고층 빌딩(300m 이상)이 이제 수십여 개가 넘는다. 심지어 그중에는 800m가 넘는 슈퍼초고층 빌딩도 있는데, 가히 마천루라 불릴 만하다. 높이도 높이거니와 그 내부 시설은 더욱 놀랍다. 주거, 쇼핑, 오락, 의료, 문화, 교육 등 사회의 모든 시스템을 빌딩 속에 설계한 하나의 도시인 것이다. 이처럼 빌딩은 인간의 모든 활동이 그 안에서 해결 가능하도록 공간의 활용을 극대화시켰다.

물질문명은 인간의 삶을 편리하고 풍요롭게 만들었지만 심각한 인간성의 상실을 초래하여 정신문명의 퇴조를 야기했다. 이러한 위기의 근본적인 원인에는 공간의 활용에 대한 동서의 인식 차이가 자리 잡고 있다. 서양을 통해 수용된 물질문명의 핵심은 경쟁을 통한 효율성의 극대화에 있었다. 그러한 패러다임 속에서 공간을 비워두는 것은 매우 비효율적인 일이었다. 그래서 그들에게 '빈 공간'이란 끊임없이 채워넣어야만 하는 대상으로 인식되어 왔다. 하지만 동양인들은 예로부터 '채움의 효율'이 아닌 '비움의 미학'을 강조해 왔다. 그림을 그릴 때에도 여백을 표현의 핵심 요소로 여겼고, 집을 지을 때에도 마당을 만듦으로써 공간의 비움을 매우 중요하게 생각했다.

우리는 고민이 있거나 일이 잘 풀리지 않을 때 가끔씩 하늘을 쳐다보는 경우가 있는데, 이는 공간에 대한 인식이 사유와 깊은 연관이 있음을 의미한다. 다분히 무의식적인 행동에 불과하다고 생각할지 모르지만, 인간은 탁 트인 공간을 보면서 심리적 안정을 찾고 갇혀 있던 사고의 물꼬를 트게 된다. 이처럼 '비움' 속에는 인간의 사고를 활성화하고 확장시키는 힘이 숨어 있다. 하지만 오늘날에는 빈 공간을 찾기가 어렵다. 가정에서 마당은 사라진 지 오래고 학교 운동장은 갈수록 좁아져가고 있다.

비움의 상실은 단순히 물리적인 공간이 없어지는 것뿐만 아니라

'정신적인 공간'의 상실을 의미했다. 마당은 단순한 의미의 빈 공간이 아니라 때로는 작업을 하고, 때로는 축제가 열리는, 가족은 물론 마을 사람들 모두가 함께 모일 수 있는 소통의 장이었다. 하지만 이제는 동서남북, 상하좌우, 어디를 훑어봐도 꽉 막힌 콘크리트뿐이다. 모든 것이 단절되고 꽉 막힌 공간 속에서 진솔한 대화나 심리적 안정을 기대하기 어렵다. 어렸을 적 보았던 흙먼지 날리는 마당의 상실은 소통과 행복의 상실을 가져왔다. 고도로 발전된 물질문명은 편리한 생활을 가져다주었지만 대신 '인간다운 삶'을 빼앗아 갔다. 물질문명 그 자체는 부정적이지도 긍정적이지도 않지만 인간성이 배제된 기술은 위험하다. 이제는 물질문명과 정신문명이 조화를 이루어 발전해나갈 수 있도록 해야 한다.

18세기 이후 농경시대, 산업화시대, 정보화시대를 거쳐 이제는 하이 콘셉트(High Concept)·하이 터치(High Touch) 시대로 나아가고 있다. 이는 대니얼 핑크(Daniel H. Pink)가 집필한《새로운 미래가 온다(A Whole New)》에서 제시된 개념으로 예술과 인문, 철학을 기반으로 하여 인간의 창조 정신을 드높이고, 나아가 잃어버린 인간성을 되찾자는 메시지를 담고 있다. 기술과 물질을 통제하는 주체는 더 이상 기계가 아니라 인간이며, 이를 위해서는 창의성과 감성적 가치가 필요하다는 것이다.

하이 콘셉트·하이 터치 시대에는 새로운 아이디어를 만들 수 있는 창의적 능력을 갖춘 사람이 필요하다. 또한 다른 사람의 마음을 이해하고 공감할 수 있는 정서적 교감 능력이 높은 사람이 각광받을 것이다. 이러한 것들을 배제하고 단순히 공부만 열심히 해서는 미래 사회의 경쟁력을 갖추기 어렵다. 지금 우리 아이에게 필요한 것은 단순히 지식을 많이 쌓는 기술이 아니다. 인간만이 가질 수 있는 창의적인 생각과 따뜻한 감성을 키워나가야 한다.

융합형 인재가 경쟁력이다

사람들이 꿈을 이루지 못하는 한 가지 이유는
그들이 생각을 바꾸지 않고 결과를 바꾸고 싶어하기 때문이다.

– 존 맥스웰John Maxwell

우리나라만큼 급격한 사회발전과 변화를 이끌어낸 나라도 드물다. 불과 50, 60여 년이 채 안 되는 짧은 기간 동안 괄목할 만한 발전을 이룰 수 있었던 배경에는 패스트 팔로워(Fast follower)로 대표되는 시대적 소임을 다했던 인재들이 있었기 때문이다. 그들은 우리나라의 낙후된 경제를 발전시기 위한 성장의 초석을 다졌다. 선진국의 앞선 기술과 제품을 모방하여 보다 더 값싸고 성능이 개선된 제품을 만들었고, 불량품을 최소화하고 생산량을 증대시켜 수출을 이끌었다. 그러한 인재들의 노력은 최빈국이었던 우리나라를 세계적인 경제대국으로 이끌었다.

현재 수많은 국내 기업들 중에는 세계 최고의 자리를 차지하고 있는 기업들도 많다. 그들이 배우고 따라가야 할 목표의 대상은 사라졌다. 발 빠른 모방을 통한 성장 전략은 더 이상 통하지 않는다. 이제는 스스로 목표를 정하고 새로운 성장 동력을 개척해야 하는 시기가 되었다. 하지만 새로운 성장 동력은 결코 쉽게 찾아지는 것이 아니다. 게다가 현대 사회에서 발생하는 다양한 문제들은 더 이상 한 분야의 전문성만으로는 해결이 불가능하다. 오늘날 그들이 마주한 여러 문제를 해결하기 위해서는 문화, 예술, 역사, 철학 등 이종 간의 융합이 필요하다.

융합이란 이것저것 조금씩 섞어놓은 것이 아니다. 다시 말해 융합형 인재는 여러 분야의 학문을 조금씩 섭렵하고 있는 사람을 말하는 것이 아니다. 자신의 분야는 기본이고, 여러 분야에 걸쳐 충분한 교양을 두루 갖춘 사람이 바로 융합형 인재라고 할 수 있다. 그들은 전문성은 물론 소통능력, 도전정신, 열정, 창의성 등을 더해 급격한 환경 변화에 대처해나갈 수 있는 힘을 가지고 있다. 이제는 한 분야에 뛰어난 전문성을 발휘하는 사람이 아니라 다양한 분야를 넘나들며 새로운 아이디어를 창출할 수 있는 융합형 인재가 필요하다.

내 아이를 융합형 인재로 키우기 위해서는 어떻게 해야 할까?

첫째, 책을 많이 읽는 아이로 키워야 한다. 한 개인이 다양한 분야의 전문성을 갖추는 것은 현실적으로 매우 어려운 일이다. 하지만 책을 통한 간접경험은 해당 분야의 전문성과 지식을 쌓는 데에 많은 도움이 된다. 한 분야의 책만 읽을 것이 아니라 다양한 분야의 책을 접하게 함으로써 다방면의 소양을 갖춘 아이로 키워야 한다. 책은 아이가 경험하지 못하는 다양한 분야의 지식을 두루 갖춰나가는 데 가장 쉽고 효율적인 방법이다.

둘째, 아이의 소통능력을 키워야 한다. 많은 전문가들은 미래 사회의 경쟁력으로 소통을 꼽는다. 자신이 아무리 많은 능력을 겸비했다고 하더라도 다른 분야의 사람들과 섞이지 못하면 창의적인 결과물을 만들어내기 어렵다. 자신의 부족한 점을 보완하고 잘된 점을 장양하기 위해서는 다른 분야 전문가들과의 소통이 필수다. 평소 자신의 생각이나 의견을 조리 있게 발표하고 다른 사람의 말을 경청하는 연습을 해두는 것이 좋다.

셋째, 실패를 두려워하지 않는 도전정신을 가진 아이로 키워야 한다. 성공은 도전의 횟수에 비례한다. 도전하지 않는 자에게 결코 성공이란 있을 수 없다. 도전정신을 가진 아이로 키우기 위해서는 역설적으로 실패의 경험을 많이 가진 아이로 키워야 한다. 부모가 보기에 실패가 빤히 보이는 일도 아이가 직접 경험해보도록 해야 한다. 아이가 힘들어하는 과정을 보는 것이 부모로서는 편치 않은 일이지만, 좌절의 경험은 도전정신을 키우는 소중한 자산임을 인식시켜줘야 한다. 실패를 성공의 경험으로 여기고, 무엇이든 적극적으로 도전하는 아이가 융합형 인재가 될 자격이 있다.

스티브 잡스보다 뛰어난 아이로 키워라

나는 특별한 재능을 갖고 있지 않다.
오직 열정으로 가득한 호기심을 갖고 있을 뿐이다.

– 앨버트 아인슈타인Albert Einstein

매년 초등학생들을 대상으로 창의성 진단검사를 실시하게 된다. 이 검사는 다원적 접근에 기초하여 창의적 사고력·태도·환경의 측면을 종합적으로 측정한다. 주관적으로 여겨지던 창의성을 객관적 지표로 측정할 수 있는 것이다. 흔히 교과 성적에서 우수한 능력을 발휘하는 학생이 창의력이 높을 것이라고 생각하기 쉽다. 하지만 아이들의 검사 결과지를 받아 보면 의외의 반전이 있다. 반에서 1~2등을 차지하는 상위권 그룹에 속한 아이들의 창의성이 그다지 높지 않다는 점이다. 그들의 창의성 지수는 대부분 중위권을 보이는 경우가 많다.

그들이 우수한 학교 성적에 비해 창의성 지수가 낮게 나온 까닭은 무엇일까? 그들이 알고 있는 것은 책이나 교사로부터 알게 된 단편적인 지식에 불과하기 때문이다. 학교 시험문제를 푸는 데에는 단편적인 지식이 많은 도움이 되지만, 창의적인 사고를 요구하는 문제를 해결하는 데에는 그다지 도움이 되지 않는다. 오히려 다양한 경험을 한 아이들이 창의성이 높은 경우가 많다.

많은 사람들은 창의성을 '갑자기 생각나는 독특한 아이디어'라고 정의한다. 물론 틀린 말은 아니다. 하지만 아무것도 경험하지 않은 상태에서 갑자기 무언가가 떠오르지 않는다. 모터를 책을 통해서만 배운 아이가 모터로 작동하는 선풍기를 생각해내기는 어렵다. 모터를 하나하나 분해해가며 만져본 아이가 모터를 이용한 다양한 아이디어를 얻을 수 있다. 자신이 직접 경험해서 얻은 것이 아니라면 그것은 진짜 자기 것이 아니다.

창의성을 떠올릴 때 빠지지 않는 한 사람이 있다. 바로 '아이폰'을 만든 스티브 잡스(Steve Jobs)다. 많은 사람들은 잡스의 높은 창의성이 융합에서 나왔다고 말한다. 하지만 융합을 가능하게 했던 그 아이디어의 원천은 수많은 IT 제품을 쓰고 만지며 분석했던 그의 경험에서 나왔다고 말할 수 있다.

그는 노트북 로고 하나를 정하는 데에도 오랜 시간을 들였다. 로고를 거꾸로 붙여보고, 좌우를 바꾸기도 하면서 어떤 것이 더 효과가 좋은지 고민했다. 이를 머릿속으로만 생각했다면 결코 좋은 아이디어는 나오지 않았을 것이다. 직접 눈으로 보고 손으로 만지면서 어떤 점이 더 좋은지 끊임없이 생각했기 때문에 가능한 일이었다. 마우스와 그래픽 사용자 인터페이스를 합쳐서 만든 매킨토시, 아이튠즈와 MP3를 합친 아이팟, 아이팟과 터치 키보드를 더해서 탄생한 아이폰 등은 모두 그러한 과정을 통해 탄생된 것들이다. 그가 직접 경험하지 않고 일일이 지시만 했다면 전 세계인을 놀라게 한 새로운 제품은 결코 세상에 나오지 못했을 것이다.

인간은 오감을 통한 다양한 경험이 뒷받침되어야 비로소 통찰이 담긴 창의성을 발휘할 수 있다. 지금 아이의 경험 하나하나가 창의성의 소중한 밑거름이 될 수 있다. 이제라도 아이가 다양한 경험을 쌓을 수 있도록 해주자.

창의적인 상황이 창의적인 아이로 키운다

아이들은 누구나 예술가이다.
문제는 어른이 되어서도, 예술가로 남아 있을지의 여부이다.

– 파블로 피카소Pablo Picasso

교실에서 수업을 하다 보면 질문 내용에 따라 아이들의 반응 수준이 달라지는 경우를 자주 볼 수 있다. 교육적으로 충분히 의도된 질문은 아이가 가진 능력과 수준을 훨씬 뛰어넘는 결과를 창출한다. 하지만 그렇지 않은 질문은 아이가 가진 수준을 밑도는 결과를 만들어내기도 한다. 현재 아이가 보여주는 재능은 아이가 가진 선천적인 능력에 달려 있는 것이 아니라, 주변의 상황과 환경에 따라 얼마든지 변화할 수 있는 성질의 것이라는 점을 말해준다.

창의성을 신장시키는 경우에도 마찬가지다. 창의적인 아이는 타고나는 것이 아니라 창의적인 상황이 창의적인 아이로 만든다. 이를 잘 보여주는 연구 결과가 있다. 교실 속 아이들에게 다양한 형태의 물체를 나누어준 뒤, 그중 5개를 골라서 새로운 물체를 만들라는 과제를 내주었다. 맨 처음 아이들은 만들기 쉬운 형태를 띤 물체를 골라서 어디선가 본 적이 있는 물체를 만들었다. 하지만 이번에는 상황을 바꿔서, 마음에 드는 물건 5개를 먼저 고르라고 한 뒤에 새로운 물건을 만들라는 과제를 제시했다. 아이들은 과제를 해결하기 쉬운 물체를 먼저 고르지 않았기 때문에 무척 당황스러워 했다. 하지만 이들이 만들어내는 결과물은 전자의 경우보다 훨씬 더 창의적이었다. 과제를 제시하는 순서 하나만 바꿨을 뿐인데 창의성의 표현 정도가 달라진 것이다. 이처럼 어떤 상황과 환경을 제공하느냐에 따라 아이의 창의성의 발현 정도는 판이하게 달라진다. 타고난 지능이 높지 않아도 평소 부모가 보여주는 상황과 환경이 창의적인 아이로 만들 수 있다. 아이를 부모의 생각의 범주에 갇히게 할 것이 아니라, 아이가 자유롭게 생각할 수 있게 해주어야 한다.

창의성은 딱딱한 분위기 속에서 발현되기 어렵다. 자유롭고 개방적인 상황에서만 싹을 틔울 수 있다. 이를 위해서 평소 엄마는 아이의 창의성을 높이기 위한 질문을 많이 할 필요가 있다. '예, 아니오'가 나올 수 있는 단답식의 질문보다는 아이가 생각할 수 있는 여지가 많은 개방형 질문들이 필요하다. 예컨대, "왜 그렇게 생각하니?" 또는 "어떻게 하는 것이 좋을까?" 와 같은 질문을 통해 지속적으로 아이의 생각을 자극하는 것이다. 질문한 뒤에는 아이가 충분히 생각할 시간을 주어야 한다. 아이가 대답을 잘 못하는 경우에는 약간의 힌트를 제시하여 아이 스스로 생각을 확장해갈 수 있도록 하는 것이 좋다.

평소 아이가 보이는 참신한 생각이나 반응에 대해서는 적극적인 칭찬을 통해 강화해나가야 한다. 또한 내 아이가 보통의 아이들과 다른 엉뚱한 생각을 한다고 해서 핀잔을 주는 언행도 삼가야 한다. 부모의 관점에서는 아무런 가치가 없는 생각일 수 있지만 아이의 수준에서는 무궁무진한 상상의 나래를 펴고 있는지도 모르기 때문이다. 아이의 생각을 엄마의 눈높이에서 재단할 것이 아니라 아이와 같은 눈높이에서 함께 생각하고 판단하려는 노력이 필요하다.

괴짜가 성공하는 시대다

조각 작품은 360도 모든 각도에서 감상할 수 있다.
하지만 인생에서는 그렇게 하는 것을 잊어버리는 것, 그것이 문제이다.

– 앤디 워홀Andy Warhol

18세기 증기기관의 발명으로 촉발된 1차 산업혁명, 전기에너지의 활용을 통한 조립라인과 대량생산으로 대표되는 2차 산업혁명, 컴퓨터와 인터넷의 발달이 가져온 3차 산업혁명을 지나, 이제 4차 산업혁명의 대변혁의 시작점에 와 있다. 새로운 산업이 급격하게 변화하는 시기마다 인류의 역사는 급격한 진보와 성장을 이룩했다. 4차 산업혁명은 인공지능(AI), 로봇, 사물 인터넷(IOT), 빅 데이터(BD) 등의 기술 융합을 통해 거대한 혁명을 몰고 와 인류의 삶을 송두리째 바꾸어놓을 것이다. 더 이상 기존의 사고방식으로는 4차 산업혁명이라는 고속열차에 탑승하는 것이 쉽지 않을 것이다.

시시각각 변화하는 세계에서 살아남으려면 변화에 적합한 새로운 사고방식이 필요하다. 미래를 내다볼 줄 아는 안목과 창의적인 사고를 가진 '괴짜'가 4차 산업혁명의 시대에 살아남을 수 있을 것이다. 근래에 우리는 기발한 아이디어로 단기간에 큰 성공을 이룬 기업들을 많이 봐왔다. 페이스북(Facebook), 구글(Google), 테슬라(Tesla) 등 혁신적인 사고를 했던 경영자들은 단기간에 회사를 세계적인 반열로 끌어올렸다. 그들이 이렇게 단기간에 성공할 수 있었던 까닭은 남과 다른 창의적인 사고를 했기 때문이다. 4차 산업혁명 시대에는 평범한 사람보다는 뛰어난 아이디어를 가진 괴짜형 천재가 각광받는 시대이다.

우리는 흔히 괴짜를 떠올릴 때 부정적인 점을 생각하는 경우가 많다. 상식에서 벗어난 괴상한 행동을 하는 사람을 생각하는 것이다. 하지만 괴짜라는 말 속에는 독서광, 컴퓨터광과 같은 '자신이 좋아하는 분야에서 주위를 전혀 신경 쓰지 않고 몰입할 수 있는 사람'이라는 속뜻이 숨어 있다. 독서광이었던 빌 게이츠(Bill Gates), 컴퓨터광이었던 저커버그(Mark Zuckerberg), 그들은 모두 다 괴짜들이었다. 자신이 좋아하는 분야를 끊임없이 연구하고 끈기 있게 몰입했던 그들의 집념이 페이스북, 구글, 테슬라와 세계적인 기업을 키워낸 원동력이다. 이처럼 괴짜는 혁신적인 아이디어뿐만 아니라 절실함과 꾸준함을 가진 사람들이다.

괴짜는 항상 시대를 앞서간다. 그래서 동시대의 사람들은 그들을 잘 이해하지 못한다. 한참의 시간이 흘러 그들의 말과 행동이 현실이 되고 나서야, 그들이 만든 물건을 사용하며 '세상 참 좋아졌다'는 말을 한다. 영화 '아이언맨'의 실제 모델이기도 한 테슬라 CEO 일론 머스크(Elon Musk)는 전형적인 괴짜형 인재다. 그는 민간 우주관광시대, 전기차 상용화, 화성 식민지 건설 등 남들이 하지 못하는 독특한 발상을 통해 테슬라를 세계적인 기업으로 키워냈다. 그가 우리나라의 획일화된 교육 환경에서 자랐다면 결코 위와 같은 혁신적인 생각을 하지 못했을 것이다. 실제로 그가 공언했던 많은 괴짜 아이디어들은 현실이 되고 있다. 스페이스 X를 세워 우주인과 화물을 국제우주정거장에 실어 나르고 있으며 전기차도 이미 상용화되어 판매되고 있다.

틀에 박힌 생각만 가지고서는 4차 산업혁명의 시대를 살아갈 수 없다. 이제는 남과는 다른 생각을 해야 성공하는 시대가 되었다. 더 이상 지식을 습득하는 일만 강조해서는 안 된다. 아이들이 가진 호기심과 개성 있는 생각을 마음껏 펼칠 수 있도록 해야 한다. 먼저 부모부터 깨어있는 생각을 가지고 아이를 대할 필요가 있다. 아이의 엉뚱한 질문과 행동을 격려할 수 있도록 말이다. 사람이 가진 모든 능력들은 훈련을 통해 발달시킬 수 있다. 우리 아이의 상상력도 훈련을 통해 일론 머스크처럼 뛰어나게 할 수 있다. 시험 성적 높이는 것을 공부의 전부라고 생각하지 말자. 평소 아이의 궁금증과 호기심에 관심을 갖고, 이를 발현시킬 수 있도록 이끌어 주도록 하자.

에필로그

여전히 공부가 최고라는 부모에게 드리는 말

많은 부모들은 여전히 아이의 공부에 목을 맨다. 아이의 성적을 높이기 위해서라면 그 어떤 희생도 다 감수한다. 공부만 잘하면 아이의 잘못된 행동까지도 묵인한다. 하지만 이것이 과연 아이를 위한 길일까? 공부만을 최고의 가치로 여기는 것이 과연 바람직한 자녀 교육일까?

아이는 초등학교에 입학하기도 전부터 공부를 시작한다. 중학교, 고등학교, 대학에 가서도 결코 공부하는 것을 멈추지 않는다. 심지어 대학을 졸업한 이후까지도 공부에서 손을 떼지 못한다. 여태껏 자신이 살아온 인생의 절반이 넘는 시간을 공부만 하며 살아간다. 인간이 공부를 하는 것은 분명 의미 있고, 가치 있는 일임에 틀림없다. 하지만 공부하는 것 자체가 즐거운 일이 아니라 목적을 달성하기 위한 수단이 되면 얘기는 달라진다. 강요나 의무감으로 어쩔 수 없이 하는 공부는 아이에게 남는 것이 별로 없다. 공부하는 시간은 많을지라도 그 안에 진정한 배움이 없다.

아이가 공부를 해야 하는 가장 큰 목적은 소위 말하는 명문대에 진학하기 위해서일 것이다. 부모는 아이가 좋은 대학에 진학하면 모든 것이 다 해결될 것처럼 여긴다. 좋은 직장, 많은 수입 등 명문대 졸업이 부와 명예를 보장한다고 생각한다. 하지만 현재 일어나고 있는 현상을 보면 전혀 그렇지가 않다. 명문대를 졸업하고도 좋은 직장을 갖지 못하는 사람들이 많다. 예전과 달리 취업에서 명문대 졸업이 갖는 프리미엄은 점점 사라지고 있다.

자녀 교육의 목적은 아이의 성적을 높이는 것이 아니다. 또 성적을 높이는 것에 두어서도 안 된다. 자녀 교육의 목적은 아이가 행복한 인생을 살아가는 데에 있다. 성적이 높으면 아이가 행복한 인생을 살아갈 것이라는 신기루에서 벗어나야 한다. 공부를 잘하는 것은 아이가 가진 많은 재능 가운데 하나일 뿐이다. 아이가 공부를 잘 못한다고 인생에서 실패하는 것이 아니다. 더 이상 공부를 만능으로 생각하고 이를 위해 모든 것을 희생해서는 안 된다.

아이가 진정으로 행복할 때는 자신이 좋아하는 일을 할 때다. 또 자신이 좋아하는 일에는 분명 뛰어난 재능도 가지고 있을 것이다. 공부보다 중요한 것은 다양한 경험이다. 아이는 다양한 경험을 통해 자신이 사랑하는 일을 찾을 수 있다. 자신이 좋아하는 것, 잘하는 것을 찾은 아이에게 좋은 성적은 필요하지 않다. 조금 더 길고 넓은 안목으로 아이의 인생에서 성적보다 더 소중한 것이 무엇인지 생각해보자.

BEST
MOM

비법만 찾는 엄마 방법을 찾는 엄마

초판 1쇄 발행	2016년 5월 30일
지은이	임권일
펴낸이	한승수
펴낸곳	문예춘추사
편 집	조예원
마케팅	안치환
디자인	김선영
등록번호	제300-1994-16
등록일자	1994년 1월 24일
주 소	서울특별시 마포구 연남동 565-15 지남빌딩 309호
전 화	02 338 0084
팩 스	02 338 0087
E-mail	moonchusa@naver.com
ISBN	**978-89-7604-304-7 03590**

*책값은 뒤표지에 있습니다.
*잘못된 책은 구입처에서 교환해 드립니다.